Flores protectrices pour la conservation des aliments

Flores protectrices pour la conservation des aliments

Monique Zagorec, Souad Christieans,
coordinatrices

Éditions Quae
RD10, 78026 Versailles Cedex

Collection Synthèses

Organisations et sociétés paysannes
Une lecture par la réciprocité
Éric Sabourin
2012, 282 p.

Apprendre à innover dans un monde incertain
Concevoir les futurs de l'agriculture et de l'alimentation
Émilie Coudel, Hubert Devautour, Christophe-Toussaint Soulard, Guy Faure,
Bernard Hubert, coordinateurs
2012, 248 p.

Odorat et goût. De la neurobiologie des sens chimiques aux applications
Roland Salesse et Rémi Gervais, coordinateurs
2012, 550 p.

Comment l'herbe pousse. Développement végétatif, structures clonales
et spatiales des graminées
Michel Lafarge, Jean-Louis Durand
2011, 184 p.

Grands paysages pédologiques de France
Marcel Jamagne
2011, 624 p.

Production durable de biomasse. La lignocellulose des poacées
Denis Pouzet
2011, 216 p.

Éditions Quæ
RD 10, 78026 Versailles Cedex

Table des matières

Avant-propos

La bioconservation, ou biopréservation, est une méthode de conservation des aliments faisant appel à des micro-organismes, appelés encore cultures protectrices, ou à leurs métabolites naturels. Ces termes sont généralement utilisés en opposition à l'ajout de conservateurs dits « chimiques » classiquement utilisés dans les industries agro-alimentaires. La biopréservation, comme toute autre méthode de conservation, doit permettre de maîtriser la croissance de flores pathogènes ou d'altération, tout en préservant les qualités organoleptiques et nutritionnelles du produit au cours de sa durée de vie.

Il existe différentes voies permettant la biopréservation des aliments. Ainsi, il est possible d'utiliser des micro-organismes, tels que les bactéries lactiques, dans des procédés ancestraux, comme la fermentation traditionnellement utilisée pour la fabrication de produits d'origine animale ou végétale. De nombreux produits traditionnels, par exemple les fromages, les saucissons secs ou la choucroute, ont bénéficié de cette pratique depuis des siècles. Dans ce type de procédé, le rôle conservateur des bactéries lactiques est principalement lié à leur compétitivité, qui leur permet de croître et dominer aux dépens des autres espèces, ainsi qu'à leur capacité à produire des molécules antagonistes, telles que des acides organiques, du peroxyde d'hydrogène ou différentes substances de nature peptidique. Certaines de ces substances – issues du métabolisme bactérien – peuvent également ment être directement ajoutées pour maîtriser le développement de flores indésirables. Parmi elles, on trouve de petits peptides appelés bactériocines. Dans la large gamme des bactériocines connues et caractérisées, seule la nisine (E234) fait l'objet d'une autorisation d'utilisation limitée à certaines catégories de denrées alimentaires, telles que les produits fromagers (directive CE 95/2). Comme autre voie de biopréservation, on peut mentionner l'emploi de bactériophages, virus capables d'infecter des bactéries. Dans ce cas, la biopréservation réside dans la spécificité du virus à infecter et à lyser une espèce bactérienne donnée. Outre les micro-organismes et leurs métabolites, la biopréservation peut faire appel à d'autres composés, comme la lactoperoxydase, une enzyme naturellement présente dans le lait, ou à des extraits végétaux (de romarin, thym, thé vert ou de pépins de raisin, huiles essentielles). Depuis presque vingt ans, la potentialité des cultures protectrices ne concerne plus seulement les produits fermentés, mais devient également prometteuse pour différentes denrées transformées ou fraîches. En effet, en raison de la diversification des produits et procédés, de l'évolution des modes de consommation et des nouvelles règles et normes sanitaires, la biopréservation représente une méthode alternative et innovante. Ce caractère innovant explique l'affichage, à l'échelle internationale, de la thématique biopréservation dans les programmes de la plupart des grands instituts de recherche en agroalimentaire. Cependant, en Europe, malgré l'intérêt suscité par les cultures protectrices en tant que moyens d'optimisation et de sécurisation des aliments, qu'ils soient fermentés ou non, les applications industrielles restent limitées. Cette limitation est due au frein réglementaire représenté par l'absence d'une définition claire du statut légal des flores protectrices, à une insuffisance de connaissances scientifiques concernant l'impact de ces flores sur l'évolution de l'écologie micro-bienne des aliments et des mécanismes impliqués, et à un manque de recul sur la réelle efficacité des flores protectrices dans ces aliments.

Dans ce contexte, sous l'égide de l'Association coordination technique de l'industrie agroalimentaire (Actia), un consortium d'experts de la biopréservation, issus d'établissements de recherche/enseignement publics et privés, s'est constitué en 2009 pour la mise en place d'un « réseau mixte technologique » (RMT) autour de la thématique des flores protectrices[1]. La pertinence de ce réseau, reconnu et agréé par le ministère de l'Alimentation, de l'Agriculture et de la Pêche, repose sur la collaboration entre trois filières agroalimentaires : les produits carnés, les produits fromagers et les produits de la mer, connus pour leur nature périssable et leur implication dans de nombreux cas de toxi-infections alimentaires. La mission principale du RMT est d'apporter des éléments de réponse sur la maîtrise du procédé de biopréservation permettant une meilleure gestion de la qualité et du risque sanitaire des produits. Son premier objectif a été la rédaction de cet ouvrage, qui a pour but de recenser l'état de l'art scientifique et technique des travaux menés à l'échelle internationale, afin d'établir un bilan des connaissances à acquérir et des freins à lever.

Dans cet ouvrage, un bilan des connaissances actuelles sur la biopréservation a été réalisé à partir de publications scientifiques internationales. Il est focalisé principalement sur l'utilisation de micro-organismes susceptibles d'améliorer la conservation de différents aliments. Après une introduction aux notions de bio-préservation, les critères de sélection, notamment l'innocuité des souches potentiel-lement bioprotectrices, critères importants pour la sélection de micro-organismes protecteurs, ainsi que les différents mécanismes d'inhibition connus et étudiés *in vitro*, sont développés. Ensuite, trois chapitres sont consacrés aux applications des cultures protectrices dans trois filières : les produits fromagers, les produits carnés, et les produits de la mer. Enfin, des exemples d'utilisation de la biopréservation dans d'autres filières alimentaires sont abordés. Dans chacun de ces chapitres, qui décrivent des applications existantes, les principales bactéries pathogènes et d'altération rencontrées dans les produits concernés sont présentées, ainsi que des exemples d'applications spécifiques de chacune de ces filières.

Le recensement bibliographique permet donc de proposer une synthèse des méthodes d'application de flores protectrices (au stade modèle, pilote et/ou indus-triel) pour limiter le développement de bactéries indésirables. Il fournit également des données utiles (telles que le taux d'inoculation, les souches potentiellement utili-sables, etc.) à leur mise en œuvre et souligne les axes scientifiques qu'il serait néces-saire de privilégier pour une utilisation optimale et raisonnée des flores protectrices.

---

1. RMT 09 « Les flores protectrices pour la conservation des aliments : utilisation, efficacité et interactions dans l'écosystème microbien » - Acronyme : FLOREPRO.

Enfin, il fait le constat des points critiques, notamment de l'absence actuelle d'une définition claire du statut légal des cultures protectrices dans les aliments. Ce point est abordé dans le dernier chapitre.

Au-delà de ces études, des agents bioprotecteurs déjà commercialisés sur le marché mondial ont été répertoriés.

La biopréservation
et les micro-organismes bioprotecteurs

M. Zagorec, M.-C. Champomier-Vergès, S. Christieans

Les matières premières constituant les aliments sont inévitablement contaminées par des micro-organismes qui vont, au cours des étapes de transformation et de stockage, pouvoir se développer à des degrés divers dans les aliments. La croissance des micro-organismes peut engendrer – ou non – une modification notable de la matière première : le développement de certaines espèces peut être souhaité, comme celui des ferments dans les produits fermentés, ou au contraire redouté, comme celui des bactéries d'altération qui peuvent agir sur la couleur, la texture, la saveur ou l'odeur de l'aliment. Enfin, pour certaines espèces pathogènes pour le consommateur, un développement, même restreint et qui n'aurait pas d'incidence sur l'aspect ou les qualités organoleptiques des produits, est à proscrire. Garantir une bonne conservation des aliments revient donc, pour une bonne part, à maîtriser le développement microbien en ralentissant ou inhibant la croissance de flores indésirables, au profit d'espèces bénéfiques. L'application de règles d'hygiène strictes va limiter la contamination des aliments et différents procédés de conservation vont limiter le développement microbien.

Ces procédés sont de nature physique :
– la conservation au froid, qui ralentit considérablement, voire stoppe la multiplication cellulaire. Certaines espèces bactériennes sont cependant capables de croître lentement à basse température, comme notamment *Listeria monocytogenes*. La congélation abolit la croissance bactérienne et est même bactéricide pour certaines espèces. Dans ces deux cas, les micro-organismes ne vont pas se développer, mais certains pourront reprendre leur croissance si la température atteint un seuil qui le leur permet (cas de rupture de la chaîne du froid) ;
– la stérilisation par montée de température va généralement être létale pour la flore microbienne, et l'aliment sera ainsi stérile. Une contamination ultérieure du produit peut avoir des conséquences importantes, car tout nouvel organisme contaminant ne rencontrera aucune flore compétitive et pourra ainsi facilement s'implanter ;
– les radiations ionisantes ou les hautes pressions vont détruire la flore bactérienne à des degrés divers, suivant les niveaux utilisés ;
– la dessiccation, comme le séchage employé dans différents produits de salaison, ou conséquence de procédés d'égouttage, va diminuer la disponibilité en eau, ce qui aura pour conséquence de limiter le développement microbien ;

– la fumaison est une action physique qui, dans certains cas, va également engendrer une montée de température qui peut en soi être bactéricide, mais va surtout générer des molécules létales pour plusieurs micro-organismes.

D'autres procédés de conservation sont dus à l'action de molécules et sont donc de nature chimique, comme l'emploi de divers composés à effet bactéricide ou bactériostatique ; ces agents ont donc un rôle de conservateur. Pour exemple, il s'agit :
– d'acides organiques, comme l'acide lactique (additif E270) et l'acide acétique (E260), qui exercent un double rôle antibactérien. Ces acides entraînent une baisse de pH à laquelle sont sensibles de nombreux micro-organismes, et leurs formules salines (lactate de sodium, de potassium, de calcium ; additifs E325, E326 et E327) ont un effet bactériostatique ;
– de sels, tels que le chlorure de sodium et les nitrites et nitrates de sodium et potassium (E249, E250, E251, E252) ;
– du peroxyde d'hydrogène ;
– de bactériocines, tels que des lantibiotiques avec la nisine (E234), seule bactériocine autorisée comme additif alimentaire ;
– d'épices, d'extraits naturels de plantes ou d'huiles essentielles, qui contiennent des substances elles aussi bactéricides ou bactériostatiques, en plus de leurs propriétés gustatives.

Enfin, certains procédés visent à ralentir ou à inhiber le développement bactérien en jouant sur l'atmosphère gazeuse lors de la conservation. L'utilisation de l'emballage sous vide, outre une barrière physique empêchant les contaminations, va priver les micro-organismes d'oxygène et ainsi stopper le développement de bactéries aérobies strictes. Différentes atmosphères protectrices peuvent également être utilisées, soit appauvries en oxygène et qui auront un effet inhibiteur similaire à celui de l'emballage sous vide, soit au contraire enrichies en oxygène et qui auront un effet toxique sur certaines espèces bactériennes, tout en contribuant à la couleur de l'aliment (cas des viandes rouges, par exemple).

Ces différents procédés utilisés de nos jours sont liés à des pratiques maîtrisées et dont on connaît, pour la plupart, les mécanismes d'action contribuant à la bonne conservation des aliments. Ils résultent ou ressemblent souvent à des pratiques ancestrales et empiriques. Le salage, le saumurage, le fumage sont des pratiques très anciennes, qui finalement correspondent à l'ajout ou à la génération de molécules bactéricides ou bactériostatiques, ou qui modifient la disponibilité en eau. Le séchage modifie également la disponibilité en eau. Les conservations dans l'huile privent les micro-organismes d'oxygène. Enfin, la conservation au froid était déjà attestée dans l'antiquité par l'utilisation de glacières et le stockage de la neige. Si de nos jours, l'utilisation d'épices ou du fumage est surtout associée pour le consommateur au goût des aliments, ces méthodes contribuent grandement à leur salubrité. La fermentation est un autre exemple de procédé de conservation perçu par le consommateur plus pour sa contribution aux qualités organoleptiques des aliments que pour son implication dans la qualité sanitaire des produits. En effet, la fermentation vise à prolonger la durée de vie de certains aliments ou boissons, tout en modifiant les propriétés organoleptiques de la matière initiale (chair transformée en saucisson sec, lait en fromage, choux en choucroute, ou encore jus de raisin en vin). Si l'on ne considère que l'aspect sanitaire de la fermentation, on note alors qu'initialement réalisée par la flore naturelle présente dans la viande, le lait ou les végétaux, la fermentation conduit à la génération d'acides lactique et/ou acétique, entraînant une baisse de pH qui va mener à la coagulation des protéines et contribuer à modifier la disponibilité de l'eau. Certaines des bactéries fermentaires vont en outre produire du peroxyde d'hydrogène ou des bactériocines. L'ensemble de ces éléments va donc avoir un effet antagoniste sur le développement de nombreux micro-organismes. S'il existe encore de nombreux produits fermentés grâce à la flore naturelle, l'ajout de ferments pour garantir une meilleure reproductibilité de la qualité des produits finis s'est largement développé au cours du XXe siècle, surtout pour les aliments produits à grande échelle, mais aussi au niveau artisanal.

Au cours des 30 dernières années, une prise en compte de la globalité des effets conjugués des différentes méthodes de conservation a conduit à l'émergence du concept de la technologie de barrière (Leistner, 2000, pour une synthèse). Il s'agit d'appliquer un ensemble de procédés qui vont chacun contribuer à inhiber le développement des flores indésirables. Conjointement, la communauté scientifique a étudié l'impact des différentes composantes intervenant dans l'effet barrière et a pointé l'importance de la flore résidente, c'est-à-dire de la composante biologique naturelle des écosystèmes des produits alimentaires. Ainsi, l'effet bénéfique de certaines souches ou espèces bactériennes a été révélé : une corrélation, entre la présence de ces espèces « positives » et la réduction du développement de flores pathogènes ou d'altération, a été observée. De nombreuses études ont cherché à décrire et comprendre les mécanismes impliqués qui se sont révélés être multiples et, pour certains, relativement complexes. Les résultats les plus aboutis ont principalement concerné les bactériocines : la faculté largement répandue chez les bactéries, notamment les bactéries lactiques, à produire ces composés inhibiteurs, en a fait des modèles d'études. Ainsi, de nombreuses bactériocines et leurs mécanismes de production ont été décrits. Toutefois, d'autres facteurs impliqués dans l'effet barrière des bactéries « positives », plus divers et plus complexes, ont été décrits, mais leur compréhension n'est encore que parcellaire. Parallèlement, l'idée d'utiliser ce processus naturel, afin de maîtriser la conservation des aliments, a vu le jour. Le terme anglais de *biopreservation* a ainsi été décrit par Stiles en 1996 : « Biopreservation refers to extended storage life and enhanced safety of foods using the natural microflora and (or) their antibacterial products » ; c'est-à-dire : la biopréservation (bioconservation) fait référence à une prolongation de la durée de vie et une meilleure qualité sanitaire des aliments par l'utilisation de la microflore naturelle et (ou) de ses métabolites antibactériens. Le fait de sélectionner, à partir de cette microflore, des souches efficaces dans le but de les rajouter aux aliments, a conduit à la notion de cultures protectrices. Les termes de cultures protectrices ou bioprotectrices – et de bioprotection – en ont découlé.

La biopréservation est donc l'une des composantes de la technologie de barrière. Son but est d'utiliser une flore « positive » sans danger pour le consommateur et sans incidence sur les qualités sensorielles des produits, afin d'en améliorer la qualité sanitaire. L'extrême diversité des aliments (d'origine animale, végétale, etc.) et de leurs procédés de fabrication engendre un grand nombre de déclinaisons possibles de l'utilisation de flores protectrices. En effet, la nature des substrats et des espèces bactériennes composant les écosystèmes alimentaires est variée et les cibles visées, ainsi que la nature des flores potentiellement positives, vont en dépendre. De plus, les différents procédés de transformation de la matière première et de l'élaboration de l'aliment vont exercer une pression de sélection sur le développement des différentes espèces microbiennes présentes. Enfin, la possibilité de l'addition de cultures protectrices va dépendre de la nature des produits (frais, fermentés, hachés...). On comprend donc que si le concept de biopréservation est bien défini, ses applications sont diverses et doivent être envisagées de manière adaptée à chaque aliment. Par ailleurs, force est de constater qu'en dépit de nombreux travaux scientifiques portant sur les cultures protectrices, il n'existe que très peu d'applications dans le domaine agroalimentaire. C'est pourquoi cet ouvrage recense les principales connaissances disponibles à ce jour, en traitant séparément les différentes filières alimentaires (produits laitiers, carnés, végétaux et produits de la mer) et leurs spécificités. Les différents mécanismes par lesquels les flores protectrices agissent sur la qualité sanitaire des aliments sont également recensés, ainsi que les critères requis pour la sélection de cultures protectrices. Ce recensement, que nous espérons exhaustif, et cette approche permettront au lecteur de mesurer l'étendue des connaissances dans ce domaine et de constater que le degré de développement atteint varie selon les filières et les types de produits.

L'un des objectifs de cet ouvrage, et du RMT Florepro dont il est issu, est de comprendre les raisons de la difficulté à mettre en œuvre l'utilisation de cultures protectrices pour la biopréservation des aliments de différentes filières, et ainsi d'identifier les thèmes de recherches nécessaires à la mise en application des cultures protectrices.

L'analyse de la bibliographie référencée dans cet ouvrage donne des pistes intéressantes. Une grande majorité des études que nous avons recensées, quel que soit l'aliment concerné, traite de l'utilisation des cultures protectrices pour lutter contre des flores pathogènes, beaucoup moins d'articles étant consacrés à la lutte contre les flores d'altération. Parmi les flores pathogènes ciblées, *Listeria monocytogenes* a été la plus étudiée, suivie d'*Escherichia coli*, puis des salmonelles et des staphylocoques (*Staphylococcus aureus* essentiellement). En comparaison, assez peu d'articles traitent d'autres pathogènes, tels que *Bacillus cereus*, *Clostridium botulinum*, *Yersinia* ou *Campylobacter*. Il n'existe donc pas de lien très clair entre la masse de données scientifiques pour utiliser une flore protectrice contre un pathogène et le nombre de cas de toxi-infections qu'il cause, mais plutôt avec la gravité des cas engendrés. Il existe, en revanche, un lien temporel entre l'émergence des études scientifiques et la détection d'épidémies. En effet, de nombreuses études ont été consacrées à *L. monocytogenes* à la suite d'épidémies recensées dans les années 1990. Cependant, l'importance de ces études perdure encore, alors que le nombre de cas de listérioses a, depuis, grandement diminué. De même, on observe un intérêt grandissant pour *E. coli*, suite à l'émergence de ce pathogène dans les produits carnés, puis dans d'autres filières. En revanche, les salmonelles, bien que responsables d'un plus grand nombre de cas, ont fait l'objet de moins d'études. Le cas des *Campylobacter* est intéressant : en effet, considéré depuis peu comme l'agent pathogène le plus fréquemment responsable de zoonoses en Europe, les études de biopréservation ciblant *Campylobacter* sont encore peu nombreuses, et moins fréquentes que celles portant sur la virulence de la bactérie. Ceci traduit certainement le décalage existant entre le lancement d'études visant à lutter contre un pathogène et la détection de son émergence, alors qu'au contraire on remarque une persistance à étudier un pathogène alors que des pistes aptes à diminuer son impact ont été identifiées. De même, on n'observe pas de corrélation nette entre l'énergie mise dans les recherches (nombre d'articles, types de recherches) et les règles sanitaires mises en place (incidence avérée et tolérée). Une meilleure connexion entre la mise en évidence d'un problème sanitaire, les obligations légales le concernant et l'approche scientifique destinée à contribuer à le juguler serait certainement souhaitable.

Le faible nombre d'études s'intéressant à la lutte contre les flores d'altération est également à noter. Alors que les pertes économiques causées par le retrait de produits altérés sont lourdes, peu d'efforts ont été consacrés à la lutte contre l'altération en vue d'une meilleure conservation des aliments, et éventuellement l'augmentation de leur durée de vie microbiologique par le biais de la biopréservation. La sensibilisation récente au développement durable, incluant la lutte contre les pertes pour améliorer la durabilité de l'alimentation, est peut-être l'explication d'un attrait récent des cultures protectrices vis-à-vis de l'altération microbienne des aliments. De plus, la lutte efficace contre les flores d'altération par le biais de cultures protectrices pourrait être plus facile à atteindre dans la mesure où, dans bien des cas, une simple diminution du seuil de la population altérante, sans forcément atteindre un niveau zéro, devrait contribuer à améliorer ou à garantir la qualité des aliments, du moins jusqu'à leur date limite de consommation (DLC).

Un fait marquant de l'analyse bibliographique est l'observation que les recherches menées sur l'utilisation de la biopréservation concernent toutes les filières, avec des avancées plus ou moins similaires pour chacune d'entre elles. Par exemple, il n'y a finalement pas plus de développement de cultures protectrices dans la filière des produits laitiers fermentés, qui a bénéficié de nombreuses études de microbiologie fondamentale et appliquée depuis plusieurs décennies, que dans la filière des produits de la mer, pourtant bien plus diverse et dont les études de microbiologie sont réalisées par une communauté de chercheurs moins vaste. De même, les études concernent aussi bien des produits fermentés que des aliments frais ou plus ou moins transformés. Ceci tend à montrer que la communauté scientifique s'est mobilisée sur tous les fronts.

On peut cependant regretter la quasi inexistence de recherches menées sur les écosystèmes microbiens dans leur ensemble. La grande majorité des études ne cible qu'une espèce bactérienne (voire une souche). Or, la biopréservation devrait être considérée de manière globale : en effet, il est nécessaire d'estimer si la lutte efficace contre une flore microbienne ciblée ne contribue pas à en favoriser une autre, tout aussi néfaste. Les méthodes en « -omique » (génomique, protéomique, transcriptomique) ont tout d'abord bénéficié aux produits laitiers, en raison d'une forte communauté de chercheurs dans ce domaine. Ensuite, pour toutes les autres filières (produits carnés, de la mer, végétaux), ces approches ont également été mises en place, ce qui explique certainement la mention – faite plus haut – de l'essor des recherches en microbiologie dans toutes les filières, sans retard apparent de l'une ou de l'autre. Le développement des nouvelles technologies de séquençage en masse permet depuis plusieurs années l'étude d'écosystèmes microbiens complexes. Mais pour l'instant, ce sont surtout les scientifiques s'intéressant aux microbiotes humains (tractus digestif) ou environnementaux (sols) qui se sont emparés de ces méthodes. Il serait souhaitable que les industries alimentaires bénéficient également de ces technologies, en particulier pour l'étude de la biopréservation.

▸▸ Références bibliographiques

LEISTNER L., 2000. Basic aspects of food preservation by hurdle technology. *Int. J. Food Microbiol.*, 55, 181-186.
STILES M.E., 1996. Biopreservation by lactic acid bacteria. *Antonie van Leeuwenhoek*, 70, 331-345.

Chapitre 1

Critères de sélection
des micro-organismes bioprotecteurs

C. DENIS, M.-C. CHAMPOMIER-VERGÈS,
M. ZAGOREC, R. TALON, V. MICHEL

Si les cultures protectrices sont attendues pour leur effet positif sur l'hygiène des produits, elles doivent avant tout, comme tous les autres ferments, satisfaire aux critères habituellement requis pour une utilisation industrielle de cultures micro-biologiques. Ces cultures doivent notamment résister aux procédés de fabrication des aliments mis en œuvre et s'implanter dans l'aliment. Elles doivent en outre présenter les propriétés suivantes :
– aptitude à inhiber les flores indésirables dans l'aliment ;
– aptitude à la production industrielle ;
– innocuité.

▸▸ Activités inhibitrices dans l'aliment

La plupart des cultures protectrices ont essentiellement été sélectionnées pour leur activité inhibitrice par production de bactériocines, celles-ci étant généra-lement dirigées contre des bactéries pathogènes. L'approche classique consis-tait à cribler en milieu de laboratoire des souches, le plus souvent de bactéries lactiques, isolées d'environnements naturels ou de produits fermentés, contre des souches cibles pathogènes indésirables dans les produits. Dans un second temps, ces souches étaient testées dans les aliments. Si la littérature décrit de nombreux exemples de telles propriétés, l'application au niveau industriel de ces souches prometteuses en laboratoire s'est souvent heurtée à des difficultés. Par exemple, des souches de bactéries lactiques inhibitrices, en milieu gélosé, de bactéries pathogènes ou altérantes des produits carnés, se sont révélées inefficaces contre les mêmes souches, ou incapables de se développer *in carnis* (Jones *et al.*, 2008, 2009). En effet, certains types de bactériocines ne sont pas adaptés à un usage dans les produits fermentés, car ils sont sensibles à certains ingrédients et/ou procédés. Par exemple, des enzymes protéolytiques peuvent dégrader les bacté-riocines et celles-ci peuvent, en outre, être adsorbées sur des protéines ou des particules de gras diminuant leur effet inhibiteur (Vignolo et Fadda, 2007). La nisine, seule bactériocine à ce jour dont l'addition est autorisée dans les produits alimentaires, est très efficace dans les produits laitiers, mais s'est avérée inactive dans les produits carnés. Dans ce dernier cas, la présence de glutathion dans la viande rouge semble modifier la conformation de la nisine en intervenant sur sa structure, diminuant ainsi son efficacité (Stergiou *et al.*, 2006).

En conditions de laboratoire, Verluyten *et al.* (2004) ont montré que le poivre, le romarin, la noix de muscade et l'ail diminuent la production de bactériocine par *Lactobacillus curvatus*, alors que le paprika l'augmente. Le poivre noir a, par ailleurs, un effet positif sur l'activité inhibitrice de la sakacine K vis-à-vis de *Listeria monocytogenes*, aussi bien *in vitro* que dans des saucisses (Hugas *et al.*, 2002).

Des études portant sur la souche *Lactobacillus sakei* CTC494, à effet anti-listeria, ont montré que cette souche pouvait être compétitive dans différents types de saucisses fermentées, même en présence des ferments commerciaux (Ravyts *et al.*, 2008). En revanche, le niveau de l'effet anti-listeria variait en fonction de la formulation des produits (saucisses de type belge, salami italien ou Cacciatore). Une autre étude portant sur cette même souche, productrice de sakacine K, a montré que dans un milieu modèle mimant la viande, l'effet anti-listeria était bien dû à la bactériocine, et non à une compétition nutritionnelle (Leroy *et al.*, 2005b). Par ailleurs, cette souche n'a pas montré d'effet inhibiteur sur *Staphylococcus carnosus*, une espèce régulièrement utilisée comme ferment, en association avec les lactobacilles, et contribuant à la flaveur des produits de salaison (Leroy *et al.*, 2005a).

Des études de modélisation ont été réalisées, afin de prédire la production et l'efficacité de bactériocines dans les conditions de production alimentaire. Les effets combinés de la température, du pH et de la concentration en NaCl, ont ainsi été modélisés pour la production de bactériocine par *Streptococcus macedonicus* ACA-DC 198, dans un modèle de fromage de type Kasseri (Poirazi *et al.*, 2007).

Une synthèse des possibilités d'application de bactéries productrices de bactériocines dans les aliments a été publiée en 2007 par De Vuyst et Leroy.

▸▸ Production et faisabilité industrielle

Production de biomasse

L'utilisation de ferments, quelles que soient les applications attendues (fermentation, biopréservation), implique de disposer de cultures fraiches, congelées ou lyophilisées contenant un grand nombre de micro-organismes viables. Un des critères de sélection des ferments porte donc sur leur aptitude à la production. D'un point de vue économique, l'idéal est de pouvoir produire un maximum de biomasse en un minimum de temps, et si possible dans des conditions de culture (milieux notamment) qui ne soient pas trop coûteuses (Chamba *et al.*, 1994). Le milieu ne doit pas constituer un facteur limitant, aussi le plus souvent les cultures sont réalisées en fermenteur, dans des conditions maîtrisées et contrôlées (composition et pH du milieu, température, aération…). Dans des conditions optimales de culture, les bactéries sélectionnées doivent présenter un taux de croissance important et fournir un rendement de production suffisant, ce dernier correspondant au rapport entre la quantité de biomasse formée et la quantité de substrat consommé.

Très souvent, même dans des conditions optimales de croissance, il est nécessaire de concentrer les cultures microbiennes pour obtenir des concentrations en cellules élevées (de 10^{10} à 10^{11} UFC/ml ou par g). Cette concentration s'effectue par centrifugation de la culture en fin de phase exponentielle de croissance, et il est alors nécessaire de vérifier que les cellules bactériennes résistent à cette opération en fournissant des culots suffisamment denses et un nombre de cellules viables important.

Résistance à la lyophilisation et à la congélation

Les traitements de conservation peuvent altérer l'intégrité cellulaire et induire des modifications des activités métaboliques, voire la mortalité des cellules. La résistance des bactéries aux traitements de congélation et de conservation est très variable d'une espèce à l'autre (les bactéries lactiques thermophiles sont, par exemple, plus sensibles que les mésophiles) et peut également varier, au sein d'une espèce donnée, d'une souche à l'autre.

De nombreuses études portant sur les bactéries lactiques ont montré que divers facteurs interviennent sur la viabilité des souches microbiennes lors des traitements de conservation : les conditions de préparation des cultures (fermentation, concentration, cryoprotection) (Béal *et al.*, 2001 ; Gilliland et Rich, 1990) ; les conditions de congélation (milieux et cinétiques) et de stockage (durée, température) (To et Etzel, 1997) ; les conditions de décongélation, puis de remise en culture (Fernandez Murga *et al.*, 1998 ; Fonseca *et al.*, 2001) ou de réhydratation des lyophilisats (De Valdez *et al.*, 1985). Parmi ces facteurs, certains ont un impact important, comme les conditions de fermentation et le stade de récolte des cellules (Brashears et Gilliland, 1995 ; Wang *et al.*, 2005a), les conditions de refroidissement (Wang *et al.*, 2005b) et les milieux – et conditions – de cryoprotection et de congélation (Fonseca *et al.*, 2003). Des études ont par ailleurs montré que des traitements d'adaptation des cultures au stress peuvent avoir une incidence sur leur résistance aux traitements de conservation (Panoff *et al.*, 1995 ; Denis *et al.*, 2006).

S'il est préférable de pouvoir produire et conserver les souches dans des conditions relativement standards, il peut être nécessaire, pour certaines souches présentant des aptitudes technologiques particulières, d'optimiser ces conditions.

L'un des critères de sélection consiste donc à vérifier la viabilité, l'état physiologique et la stabilité génétique des cultures microbiennes après le traitement de conservation, mais également au cours de leur conservation dans le temps. L'utilisation de techniques telles que la cytométrie en flux s'avère pertinente pour différencier les cellules viables, mortes et stressées, et caractériser l'état cellulaire des souches (Denis *et al.*, 2006 ; Rault *et al.*, 2007). Enfin, il peut être nécessaire de vérifier que les souches conservent leurs aptitudes métaboliques et technologiques, et en particulier celles qui contribuent à leur activité bioprotectrice.

▸▸ Évaluation de l'innocuité des souches

La sécurité microbiologique des aliments est un enjeu majeur pour les pouvoirs publics et l'industrie agro-alimentaire. Il est donc essentiel d'établir l'innocuité pour le consommateur des ferments volontairement apportés dans un aliment, que ce soit à des fins de fermentation ou de biopréservation, ou encore pour un effet probiotique.

D'un point de vue réglementaire, la définition de l'innocuité des souches utilisées en alimentation humaine, n'est pas clairement énoncée. Aux États-Unis, le statut de GRAS (*Generally Recognized As Safe*) est utilisé. La Food and Drug Administration (FDA) a mis en place un système conférant le statut GRAS à un micro-organisme en association avec un usage donné. D'une manière générale, les micro-organismes utilisés traditionellement (par exemple dans les produits laitiers ou le saucisson sec) peuvent d'emblée bénéficier du statut GRAS.

En Europe, on utilise une approche spécifique dite QPS (*Qualified Presumption of Safety*). L'Agence européenne de sécurité des aliments (EFSA) utilise cette qualification afin d'évaluer l'innocuité des micro-organismes nécessitant une autorisation de mise sur le marché. Cette approche prend en compte quatre éléments : l'identification de la souche, l'état de connaissance, le type d'application et l'évaluation de la pathogénicité.

L'approche QPS ne concerne pas les ferments traditionnels, qui ne sont pas soumis à une autorisation de mise sur le marché, car faisant preuve d'une utilisation de longue date, et donc sans danger en alimentation humaine. L'approche QPS concerne, en revanche, des micro-organismes « non familiers » qui sont intentionellement utilisés pour améliorer la qualité sanitaire, sensorielle ou nutritionnelle des produits, ou pour leur bénéfice santé, et dont l'innocuité ne peut être présumée. L'EFSA doit évaluer ce type de micro-organismes pour leurs utilisations, suivant le règlement européen 1997/258/EC.

L'approche QPS évalue l'innocuité des micro-organismes au niveau de l'espèce. Le statut QPS peut être accordé à une espèce qui est considérée sans danger. En cas de doute, toute incertitude doit être levée. Dans le cas contraire, les micro-organismes doivent subir une évaluation complète de leur inocuité. Lorsque l'espèce reçoit le statut QPS, celui-ci est attribué à toutes les souches de la même espèce sous réserve de pouvoir les identifier de manière certaine. L'attribution du statut QPS ne dispense pas d'évaluer la sensibilité aux antibiotiques, de manière systématique chez les bactéries (mais non chez les levures). Par ailleurs, l'emploi des ferments est étroitement lié au type de matrice alimentaire dans laquelle ils sont utilisés. Une espèce identifiée sans ambiguïté, ne présentant pas de caractère pathogène et ayant un long historique d'utilisation recevra le statut QPS (Résomil, 2009 ; Chamba et Jamet, 2008).

La liste QPS mise à jour en 2011 (EFSA, 2011) comprend des espèces à Gram positif non sporulantes appartenant aux genres *Lactobacillus*, *Bifidobacterium*, *Corynebacterium*, *Lactococcus*, *Leuconostoc*, *Oenococcus*, *Pedicoccus*, *Propionibacterium* et *Streptococcus*, des bactéries à Gram positif sporulantes (genres *Bacillus* et *Geobacillus*) et des espèces de levures.

Dans ce contexte, l'innocuité de souches d'intérêt laitier a été documentée pour les divers groupes ou genres bactériens, *Lactococcus*, *Streptococcus thermophilus*,

Lactobacillus, *Leuconostoc*, *Enterococcus*, staphylocoques à coagulase négative, corynébactéries aérobies de la flore de surface des fromages, propionibactéries et bifidobactéries (Résomil, 2009 ; Chamba et Jamet, 2008), ainsi que pour les bactéries lactiques et les staphylocoques à coagulase négative impliqués dans la fermentation de la viande (Talon et Leroy, 2011).

Identification taxonomique

L'identification fiable des souches au niveau de l'espèce est un pré-requis pour évaluer leur innocuité. Diverses techniques phénotypiques (marqueurs chemo-taxonomiques, profils protéiques, données morphologiques, physiologiques et séro-logiques) peuvent être utilisées en vue d'une identification taxonomique, mais il est souvent nécessaire de les compléter par des techniques moléculaires. La technique d'hybridation de l'ADN est la technique de référence pour identifier les espèces ; elle détermine le degré de complémentarité entre deux séquences génomiques. D'autres techniques concernent seulement certaines portions du génome telles que les techniques d'empreinte (*fingerprinting*), d'hybridation à des sondes d'ADN, d'amplification par PCR de gènes ciblés et de séquençage des gènes codant les ARN ribosomiques (ARNr), en particulier des ARNr 16S. Il est également possible de différencier des souches, au sein d'une même espèce, par différentes méthodes de typage. On peut citer, à titre d'exemple, l'analyse des séquences répétées (Rep-PCR), l'analyse du polymorphisme de fragments de restriction et l'électrophorèse en champ pulsé (PFGE) (Résomil, 2009 ; Sohier *et al.*, 2008).

Familiarité

La notion de familiarité englobe des données sur l'historique d'utilisation, l'écologie, la littérature scientifique et les applications industrielles pour un micro-organisme donné. Cette notion s'applique notamment aux micro-organismes utilisés dans diverses zones géographiques et depuis longtemps. La liste des bactéries, levures et champignons utilisés en alimentation humaine, ainsi que leur historique de consommation apportant la preuve de leur innocuité, ont été inventoriés par l'International Dairy Federation (IDF), en collaboration avec l'European Food and Feed Cultures Association (EFFCA) (Mogensen *et al.*, 2002). Cette liste, établie en 2002, concerne essentiellement les micro-organismes utilisés en fermentation alimentaire : vin, bière, produits laitiers, viande, pain et végétaux fermentés. Pour des applications en lien avec la biopréservation de la viande, sept espèces sont listées dans cet inventaire : *Kocuria varians*, *Lactobacillus pentosus*, *Lactobacillus bavaricus*, *Pediococcus acidilactici*, *Pediococcus pentosaceus*, *Propionibacterium acidipropionici* et *S. carnosus*. Quant aux autres espèces décrites, *Staphylococcus equorum* et *Lactobacillus johnsonii*, la première concerne la biopréservation des fromages, et la seconde est sans aliment associé. Une revue récente fait état des micro-organismes présentant un effet technologique bénéfique dans les produits fermentés (Bourdichon *et al.*, 2012). Il est intéressant de noter que la taxonomie des bactéries lactiques étant en constant remaniement, certaines espèces n'ont plus de signification taxonomique. C'est le cas de *L. bavaricus*, par exemple, qui n'existe plus, et dont les souches semblent devoir être reclassées parmi *L. sakei* et *L. curvatus*. En revanche, d'autres espèces n'ont été décrites que récemment, comme *Lactobacillus fuchuensis*, rapporté seulement depuis 2002 dans des produits carnés réfrigérés conservés sous vide (Sakala *et al.*, 2002). Il est probable que les isolats de cette espèce, proche de *L. sakei*, étaient auparavant confondus avec cette dernière.

Évaluation de la pathogénicité

Avant d'introduire volontairement un ferment dans un aliment, il convient en premier lieu de tenir compte de l'espèce, qui ne doit pas être connue comme pathogène, suite à l'analyse critique de la bibliographie existante. Du point de vue sanitaire, certaines espèces utilisées en tant que ferments ont été sporadiquement désignées comme agents pathogènes opportunistes dans les infections systémiques (bactériémie, méningite). Rappelons que l'on désigne par maladie opportuniste une maladie qui est due à des germes habituellement peu ou pas agressifs, mais qui sont néanmoins susceptibles de provoquer des complications en affectant des personnes immunodéficientes. En outre, la relation de cause à effet entre l'infection et le ferment a été rarement établie.

Une souche sélectionnée en tant que ferment ne doit produire ni toxine, ni facteur de virulence. Pour ce qui est des toxi-infections alimentaires dues aux staphylocoques, elles ne sont reliées qu'aux staphylocoques à coagulase positive et à la production d'entérotoxines staphylococciques. Concernant les staphylocoques à coagulase négative, qui ne sont pas impliqués dans des toxi-infections alimentaires, l'absence des gènes codant les entérotoxines peut être vérifiée par PCR et/ou par hybridation sur puce à ADN. Concernant le genre *Enterococcus*, il n'apparaît pas sur la liste QPS, dans la mesure où plusieurs espèces appartenant à ce genre bactérien ont été décrites comme responsables de différentes infections. Différents facteurs de virulence ont été identifiés et il demeure impossible à ce stade de différencier les souches virulentes de celles qui ne le sont pas.

Pour certaines espèces, l'étude de caractéristiques physiologiques, telles que l'incapacité à s'implanter dans le tractus gastro-intestinal, peut permettre de conforter l'absence de pathogénicité. Parmi les critères à retenir, on peut citer l'absence de croissance ou une croissance lente à 37 °C, le caractère aérobie strict, la sensibilité aux pH acides et/ou aux sels biliaires, et la sensibilité au sérum humain. Pour les bactéries de surface des fromages, par exemple, ces tests permettent de différencier les espèces pathogènes de *Corynebacterium* de celles utilisées pour les fromages, les premières étant anaérobies facultatives et se développant à 37 °C, tandis que les espèces laitières sont le plus souvent aérobies strictes et présentent un optimum de croissance à 25 °C (Denis et Irlinger, 2008).

Autres facteurs

Antibiorésistance

Pour toutes les bactéries, l'évaluation systématique de la présence ou de l'absence de déterminants de résistance aux antibiotiques est requise pour l'évaluation du statut QPS. Cette évaluation devrait suivre les modalités définies dans l'avis du « groupe scientifique sur les substances et additifs utilisés en alimentation animale » (FEEDAP) publié le 18 juin 2008 (EFSA, 2008). Cet avis est basé sur la distinction entre résistance intrinsèque et résistance acquise, qui est utilisée comme indicateur de la probabilité de transfert de matériel génétique permettant la résistance : une résistance donnée peut être inhérente à une espèce ou à un genre bactérien (résistance intrinsèque ou naturelle), ou bien résulter de l'introduction d'ADN exogène (transfert de gènes) ou de mutations dans des gènes natifs. Le FEEDAP a défini des valeurs critiques pour les dix antibiotiques les plus couramment utilisés en thérapeutique humaine ou vétérinaire. Il considère que les souches, utilisées comme ingrédients ou additifs alimentaires, ne doivent pas présenter de résistance acquise à un ou plusieurs antimicrobiens, à moins qu'il ait été démontré que cette résistance résulte d'une ou de plusieurs mutations chromosomiques.

Plusieurs études révèlent la présence de gènes portés sur des éléments mobiles codant des résistances aux antibiotiques. Ces résistances peuvent être transférées entre bactéries d'une même espèce ou entre espèces, voire entre genres différents. À titre d'exemple, des déterminants localisés sur des plasmides ou des transposons codant des résistances à la tétracycline ont été reconnus comme disséminés dans diverses espèces de bactéries isolées d'aliments, telles des lactobacilles (*L. curvatus, Lactobacillus plantarum, L. sakei*) (Aymerich *et al.*, 2006 ; Zonenschain *et al.*, 2009), ou des staphylocoques (*Staphylococcus xylosus, S. carnosus* et *S. equorum*) (Resch *et al.*, 2008 ; Even *et al.*, 2010).

Production d'amines biogènes

Du fait de leur activité physiologique, la présence d'amines biogènes dans les aliments, notamment de l'histamine, de la putrescine, de la tyramine et de la phényléthylamine, peut être à l'origine d'intoxications. Celles-ci se traduisent par des maux de tête et de l'hypertension, dans certains cas, pour la tyramine et la phényléthylamine ; des nausées, des vomissements et des diarrhées, pour l'histamine. Des réactions allergiques peuvent être observées chez les sujets sensibles. Dans un aliment, la production d'amines biogènes peut être due à des bactéries à Gram négatif et positif, mais également à certaines levures ou moisissures. La production d'amines est catalysée par des enzymes connues, qui agissent sur les acides aminés ; ainsi, l'histidine décarboxylase est impliquée dans la formation d'histamine, la tyrosine décarboxylase dans celle de la tyramine, la phénylalanine décarboxylase dans celle de la phényléthylamine, l'ornithine décarboxylase et l'agmatine désaminase dans celle de la putrescine, et la lysine décarboxylase dans la production de cadavérine. Par conséquent, les bactéries pourvues de ces enzymes, et donc potentiellement productrices d'amines biogènes, sont indésirables dans les produits alimentaires. Aussi est-il donc essentiel de vérifier la capacité des ferments à produire des amines biogènes.

La capacité des bactéries à produire de la tyramine, de la putrescine et/ou de l'histamine peut être testée sur des milieux spécifiques (Joosten et Northolt, 1989 ; Bover-Cid et Holzapfel, 1999). Ces milieux sont d'une part pauvres en nutriments, minimisant ainsi la formation d'acide à partir du glucose, et d'autre part, riches en acides aminés précurseurs (histidine, ornithine ou tyrosine) permettant la production d'amines biogènes par une bactérie productrice. Il peut être recommandé de confirmer l'aptitude à produire des amines biogènes par des techniques de biologie moléculaire en criblant la présence de gènes codant pour les enzymes impliquées. À ce titre, des outils de PCR ont été développés pour les bactéries à Gram positif, pour divers genres de bactéries lactiques et pour certaines espèces de staphylocoques (Coton *et al.*, 2003, 2010a, 2010b ; Coton et Coton, 2005 ; Ladero *et al.*, 2010, 2011).

Enfin, une souche productrice d'amines biogènes en milieu de culture ne l'est pas forcément dans la matrice alimentaire. Pour vérifier ce point, des tests d'inoculation dans l'aliment peuvent être effectués, en vue de doser les amines éventuellement produites. Après extraction des amines, selon des méthodes qui diffèrent suivant l'aliment, le dosage est effectué par chromatographie liquide à haute performance (HPLC) (Duflos *et al.*, 1999).

La production d'amines biogènes par les bactéries lactiques, qui est bien documentée, est souche dépendante. Ainsi, certaines souches de *L. curvatus*, de *L. plantarum* ou de *Lactobacillus brevis* sont capables de produire de la tyramine dans des produits carnés fermentés (Aymerich *et al.*, 2006 ; Latorre-Moratalla *et al.*, 2010). Le genre *Lactobacillus* est également souvent cité comme possédant de nombreuses espèces pouvant produire, *in vitro* et dans les fromages, des amines biogènes (Arena et Manca de Nadra, 2001 ; Bernardeau *et al.*, 2008 ; Bover-Cid et Holzapfel, 1999). D'autres souches de bactéries lactiques peuvent également produire des amines biogènes *in vitro*, comme certaines souches de lactocoques (Gonzalez de Llano *et al.*, 1998). Cependant, dans la matrice fromagère, la production d'amines biogènes est généralement plus restreinte, dans la mesure où elle est liée à de nombreux facteurs, comme la disponibilité en acides aminés libres ou les conditions environnementales. Ainsi, au cours de l'affinage, il apparaît que les différents facteurs environnementaux (pH, température, affinage, localisation dans le fromage…) ayant un impact sur l'activité enzymatique des décarboxylases ont un effet plus important sur la production d'amines biogènes que la disponibilité en acides aminés précurseurs (Joosten et Olieman, 1986 ; Joosten et Northolt, 1989 ; Bunkova *et al.*, 2010).

▸▸ Références bibliographiques

ARENA M.E., MANCA DE NADRA M.C., 2001. Biogenic amine production by *Lactobacillus*. *J. Appl. Microbiol.*, 90, 158-162.

AYMERICH T., MARTIN B., GARRIDA M., VIDAL-CAROU M.C., BOVER-CID S., HUGAS M., 2006. Safety properties and molecular strain typing of lactic acid bacteria from slightly fermented sausages. *J. Appl. Microbiol.*, 100, 40-49.

BÉAL C., FONSECA F., CORRIEU G., 2001. Resistance to freezing and frozen storage of *Streptococcus thermophilus* is related to membrane fatty acid composition. *J. Dairy Sci.*, 84, 2347-2356.

BERNARDEAU M., VERNOUX J.P., HENRI-DUBERNET S., GUEGUEN M., 2008. Safety assessment of dairy microorganisms: the *Lactobacillus* genus. *Int. J. Food Microbiol.*, 126, 278-285.

BOURDICHON F., CASAREGOLA S., FARROKH C., FRISVAD J.C., GERDS M.L., HAMMES W.P., HARNETT J., HUYS G., LAULUND S., OUWEHAND A., POWELL I.B., PRAJAPATI J.B., SETO Y., SCHURE E.T., VAN BOVEN A., VANKERCKHOVEN V., ZGODA A., TUIJTELAARS S., HANSEN E.B., 2012. Food fermentations: microorganisms with technological beneficial use. *Int. J. Food Microbiol.*, 154, 87-97.

BOVER-CID S., HOLZAPFEL W.H., 1999. Improved screening procedure for biogenic amine production by lactic acid bacteria. *Int. J. Food Microbiol.*, 53, 33-41.

BRASHEARS M.M., GILLILAND S.E., 1995. Survival during frozen and subsequent refrigerated storage of *Lactobacillus acidophilus* cells as influenced by the growth phase. *J. Dairy Sci.*, 78, 2326-2335.

Bunkova L., Bunka F., Mantlova G., Cablova A., Sedlacek I., Svec P., Pachlova V., Kracmar S., 2010. The effect of ripening and storage conditions on the distribution of tyramine, putrescine and cadaverine in Edam-cheese. *Food Microbiol.*, 27, 880-888.

Chamba J.F., Duong C., Fazel A., Prost F., 1994. Sélection des souches de bactéries lactiques, *In : Les bactéries lactiques* (de Roissart H., Luquet F.M., eds), tome 1, Lorica, Uriage, France.

Chamba J.F., Jamet E., 2008. Contribution to the safety assessment of technological microflora found in fermented dairy products. *Int. J. Food Microbiol.*, 126, 263-266.

Coton M., Coton E., Lucas P., Lonvaud A., 2003. Identification of the gene encoding a putative tyrosine decarboxylase of *Carnobacterium divergens* 508. Development of molecular tools for the detection of tyramine-producing bacteria. *Int. J. Food Microbiol.*, 21, 125-130.

Coton E., Coton M., 2005. Multiplex PCR for colony direct detection of Gram-positive histamine- and tyramine-producing bacteria. *J. Microbiol. Methods*, 63, 296-304.

Coton M., Romano A., Spano G., Ziegler K., Vetrana C., Desmarais C., Lonvaud-Funel A., Lucas P., Coton E., 2010a. Occurrence of biogenic amine-forming lactic acid bacteria in wine and cider. *Food Microbiol.*, 27, 1078-1085.

Coton E., Mulder N., Coton M., Pochet S., Trip H., Lolkema J.S., 2010b. Origin of the putrescine-producing ability of the coagulase-negative bacterium *Staphylococcus epidermidis* 2015B. *Appl. Environ. Microbiol.*, 76, 5570-5576.

De Valdez G.F., Giori G.S., Ruiz-Holgado A.P., Oliver G., 1985. Effect of the rehydration medium on the recovery of freeze-dried lactic acid bacteria. *Appl. Environ. Microbiol.*, 50, 1339-1341.

De Vuyst L., Leroy F., 2007. Bacteriocins from lactic acid bacteria: production, purification, and food applications. *J. Mol. Microbiol. Biotechnol.*, 13, 194-199.

Denis C., Béal C., Bouix M., Chamba J.F., Jamet E., Ogier J.C., Panoff J.M., Rault A., Thammavongs B., Thierry A., 2006. Congélation de micro-organismes d'intérêt laitier : optimisation des conditions d'adaptation des souches avant congélation et des conditions de remise en culture après congélation, Actes du 6e colloque national du BRG, Des ressources partagées, La Rochelle, 2-4 octobre 2006, pp. 433-448.

Denis C., Irlinger F., 2008. Safety assessment of dairy microorganisms: Aerobic coryneform bacteria isolated from the surface of smear-ripened cheeses. *Int. J. Food Microbiol.*, 126, 311-315.

Duflos G., Dervin C., Malle P., Bouquelet S., 1999. Use of biogenic amines to evaluate spoilage in plaice (*Pleuronectes platessa*) and whiting (*Merlangus merlangus*). *J. AOAC Int.*, 82, 1357-1363.

Efsa, 2008. Technical guidance. Update of the criteria used in the assessment of bacterial resistance to antibiotics of human or veterinary importance Prepared by the Panel on Additives and Products or Substances used in Animal Feed. *The EFSA Journal*, 732, 1-15.

Efsa, 2011. Scientific opinion on the maintenance of the list of QPS microorganisms intentionally added to food or feed (2011 update). Scientific opinion of the panel on biological hazards. *The EFSA Journal*, 9, 2497.

Even S., Leroy S., Charlier C., Ben Zakour N., Chacornac J.P., Lebert I., Jamet E., Desmonts M.H., Coton E., Pochet S., Donnio P.Y., Gautier M., Talon R., Le Loir Y., 2010. Low occurrence of safety hazards in coagulase negative staphylococci isolated from fermented foodstuffs. *Int. J. Food Microbiol.*, 139, 87-95.

Fernandez Murga M.L., Pesce de Ruiz Holgado A., Font de Valdez G., 1998. Survival rate and enzyme activities of *Lactobacillus acidophilus* following frozen storage. *Cryobiology*, 36, 315-319.

Fonseca F., Béal C., Corrieu G., 2001. Operating conditions that affect the resistance of lactic acid bacteria to freezing and frozen storage. *Cryobiology*, 43, 189-198.

Fonseca F., Béal C., Mihoub F., Marin M., Corrieu G., 2003. Improvement of cryopreservation of *Lactobacillus delbrueckii* subsp. *bulgaricus* CFL1 with additives displaying different protective effects. *Int. Dairy J.*, 3, 917-926.

Gilliland S.E., Rich C.N., 1990. Stability during frozen and subsequent refrigerated storage of *Lactobacillus acidophilus* grown at different pH. *J. Dairy Sci.*, 73, 1187-1192.

Gonzalez de Llano D., Cuesta P., Rodriguez A., 1998. Biogenic amine production by wild lactococcal and leuconostoc strains. *Lett. Appl. Microbiol.*, 26, 270-274.

HUGAS M., GARRIGA M., AYMERICH T., MONFORT J., 2002. Bacterial cultures and metabolites for the enhancement of safety and quality in meat products. *In: Research advances in the quality of meat and meat products* (Toldra F., ed.), Kerala, India, Research SignPost, pp. 225-247.

JONES R.J., HUSSEIN H.M., ZAGOREC M., BRIGHTWELL G., TAGG J.R., 2008. Isolation of lactic-acid bacteria with inhibitory activity against pathogens and spoilage organisms associated with fresh meat. *Food Microbiol.*, 25, 228-234.

JONES R.J., ZAGOREC M., BRIGHTWELL G., TAGG J.R., 2009. Inhibition by *Lactobacillus sakei* of other species in the flora of vacuum packaged raw meats during prolonged storage. *Food Microbiol.*, 26, 876-881.

JOOSTEN H.M., OLIEMAN C., 1986. Determination of biogenic amines in cheese and some other food products by high-performance liquid chromatography in combination with thermo-sensitized reaction detection. *J. Chromatogr.*, 356, 311-319.

JOOSTEN H.M., NORTHOLT M.D., 1989. Detection, growth, and amine-producing capacity of lactobacilli in cheese. *Appl. Environ. Microbiol.*, 55, 2356-2359.

LADERO V., FERNÁNDEZ M., CUESTA I., ALVAREZ M.A., 2010. Quantitative detection and identification of tyramine-producing enterococci and lactobacilli in cheese by multiplex qPCR. *Food Microbiol.*, 27, 933-939.

LADERO V., COTON M., FERNÁNDEZ M., BURON N., MARTÍN M.C., GUICHARD H., COTON E., ALVAREZ M.A., 2011. Biogenic amines content in Spanish and French natural ciders: application of qPCR for quantitative detection of biogenic amine-producers. *Food Microbiol.*, 28, 554-561.

LATORRE-MORATALLA M.L., BOVER-CID S., TALON R., AYMERICH T., GARRIGA M., ZANARDI E., IANIERI A., FRAQUEZA M.J., ELIAS M., DROSINOS E.H., LAUKOVA A., VIDAL-CAROU M.C., 2010. Distribution of aminogenic activity among potential autochthonous starter cultures for dry fermented sausages. *J. Food Prot.*, 73, 524-528.

LEROY F., LIEVENS K., DE VUYST L., 2005a. Interactions of meat-associated bacteriocin-producing lactobacilli with *Listeria innocua* under stringent sausage fermentation conditions. *J. Food Prot.*, 68, 2078-2084.

LEROY F., LIEVENS K., DE VUYST L., 2005b. Modeling bacteriocin resistance and inactivation of *Listeria innocua* LMG 13568 by *Lactobacillus sakei* CTC 494 under sausage fermentation conditions. *Appl. Environ. Microbiol.*, 71, 7567-7570.

MOGENSEN G., SALMINEN S., O'BRIEN J., OUWEHAND A., HOLZAPFEL W., SHORTT C., FONDEN R., MILLER G.D., DONOHUE D., PLAYNE M., CRITTENDEN R., SALVADORI B., ZINK R., 2002. Inventory of microorganisms with a documented history of use in food. *Bulletin of the International Dairy Federation*, 377, 10-19.

PANOFF J.M., THAMMAVONGS B., LAPLACE J.M., HARTKE A., BOUTIBONNES P., AUFFRAY Y., 1995. Cryotolerance and cold adaptation in *Lactococcus lactis* subsp. *lactis* IL1403. *Cryobiology*, 32, 516-520.

POIRAZI P., LEROY F., GEORGALAKI M.D., AKTYPIS A., DE VUYST L., TSAKALIDOU E., 2007. Use of artificial neural networks and a gamma-concept-based approach to model growth of and bacteriocin production by *Streptococcus macedonicus* ACA-DC 198 under simulated conditions of Kasseri cheese production. *Appl. Environ. Microbiol.*, 73, 768-776.

RAULT A., BÉAL C., GHORBAL S., OGIER J.C., BOUIX M., 2007. Multiparametric flow cytometry allows rapid assessment and comparison of lactic acid bacteria viability after freezing and during frozen storage. *Cryobiology*, 55, 35-43.

RAVYTS F., BARBUTI S., FRUSTOLI M.A., PAROLARI G., SACCANI G., DE VUYST L., LEROY F., 2008. Competitiveness and antibacterial potential of bacteriocin-producing starter cultures in different types of fermented sausages. *J. Food Prot.*, 71, 1817-1827.

PARLEMENT EUROPÉEN ET CONSEIL, 1997. Règlement (CE) n° 258/97 du Parlement européen et du Conseil du 27 janvier 1997 relatif aux nouveaux aliments et aux nouveaux ingrédients alimentaires. *Journal Officiel L 43 du 14.2.1997*, 1–6.

RÉSOMIL, 2009. L'innocuité des souches d'intérêt laitier, éditions CNIEL, Paris, France, 59 pages.

RESCH M., NAGEL V., HERTEL C., 2008. Antibiotic resistance of coagulase-negative staphylococci associated with food and used in starter cultures. *Int. J. Food Microbiol.*, 127, 99-104.

SAKALA R.M., KATO Y., HAYASHIDANI H., MURAKAMI M., KANEUCHI C., OGAWA M., 2002. *Lactobacillus fuchuensis* sp. nov., isolated from vacuum-packaged refrigerated beef. *Int. J. Syst. Evol. Microbiol.*, 52, 1151-1154.

SOHIER D., BERTHIER F., REITZ J., 2008. Safety assessment of dairy microorganisms: bacterial taxonomy. *Int. J. Food Microbiol.*, 126, 267-270.

STERGIOU V., THOMAS L.V., ADAMS M.R., 2006. Interactions of nisin with glutathione in a model protein system and meat. *J. Food Prot.*, 69, 951-956.

TALON R., LEROY S., 2011. Diversity and safety hazards of bacteria involved in meat fermentations. *Meat Sci.*, 89, 303-309.

TO B.C.S., ETZEL M.R., 1997. Spray-drying, freeze-drying, or freezing of three different lactic acid bacteria species. *J. Food Sci.*, 62, 576-578 & 585.

VERLUYTEN J., LEROY F., DE VUYST L., 2004. Effects of different spices used in production of fermented sausages on growth of and curvacin A production by *Lactobacillus curvatus* LTH 1174. *Appl. Environ. Microbiol.*, 70, 4807-4813.

VIGNOLO G., FADDA S., 2007. Starter cultures: bioprotectives cultures. *In: Hankbook of fermented meat and poultry* (Toldra F., ed.), Blackwell, ISBN: 978-0-8138-1477-3, pp. 147-157.

WANG Y., CORRIEU G., BÉAL C., 2005a. Fermentation pH and temperature influence the cryotolerance of *Lactobacillus acidophilus* RD758. *J. Dairy Sci.*, 88, 21-29.

WANG Y., DELETTRE J., GUILLOT A., CORRIEU G., BÉAL C., 2005b. Influence of cooling temperature and duration on cold adaptation of *Lactobacillus acidophilus* RD758. *Cryobiology,* 50, 294-307.

ZONENSCHAIN D., REBECCHI A., MORELLI L., 2009. Erythromycin- and tetracycline-resistant lactobacilli in Italian fermented dry sausages. *J. Appl. Microbiol.*, 107, 1559-1568.

Chapitre 2

Mécanismes d'action

S. Christieans, C. Delbès-Paus, C. Denis,
M.-C. Montel, H. Prévost, M. Rivollier, V. Stahl

▸▸ Introduction

La fermentation naturelle peut être considérée comme l'un des plus anciens procédés de biopréservation des aliments. Le rôle des bactéries, notamment des bactéries lactiques, dans les fermentations des produits carnés et laitiers a été mis en lumière dans les premiers travaux de la microbiologie moderne, dès la fin du XIXe siècle. Le potentiel inhibiteur des bactéries lactiques à l'égard des micro-organismes pathogènes ou d'altération a donc été tout d'abord principalement révélé pour des produits fermentés. Ce potentiel résulte de la production par les cultures bactériennes de différentes substances ou métabolites actifs au cours des procédés de transformation ou de stockage des denrées alimentaires. Il s'agit principalement de la production d'acides faibles (lactique, acétique), de peroxyde d'hydrogène, de dioxyde de carbone, de diacétyle ou de peptides antimicrobiens, appelés bactériocines. Le pouvoir antagoniste des bactéries lactiques dans leur écosystème peut également résulter d'une compétition de type nutritionnelle.

Les bactéries lactiques sont impliquées dans un grand nombre de fermentations naturelles de produits alimentaires (Stiles et Holzapfel, 1997). Elles sont principalement utilisées dans la technologie des produits fermentés, où elles contribuent aux caractéristiques organoleptiques et à l'amélioration de la durée de conservation des produits. Ces diverses propriétés, et notamment la production d'acide lactique, ont contribué à la large utilisation comme ferment ou « starter » (souches sélectionnées inoculées) de ce groupe bactérien pour la fermentation d'une grande diversité de denrées alimentaires, d'origine végétale ou animale (yaourts, laits fermentés, fromages, saucissons, choucroute, produits de panification, poissons, boissons fermentées...).

Les bactéries lactiques constituent un grand groupe bactérien hétérogène regroupant treize genres différents : *Aerococcus, Bifidobacterium, Carnobacterium, Enterococcus, Lactobacillus, Lactococcus, Leuconostoc, Oenococcus, Pediococcus, Streptococcus, Tetragenococcus, Vagococcus* et *Weissella*. Chacun de ces genres peut être constitué de deux à plusieurs dizaines d'espèces, qui peuvent être divisées en sous espèces, variétés et souches (comme *Lactococcus lactis* subsp. *lactis* et *Lactococcus lactis* subsp. *cremoris*).

▸▸ Action en lien avec les bactéries

La production d'acides faibles

Les bactéries lactiques colonisent de nombreux produits alimentaires, comme les produits laitiers, carnés, végétaux ou céréaliers, et font partie de la flore intestinale de l'Homme et des animaux (Dortu et Thonart, 2009). Elles sont pour la plupart mésophiles, certaines étant psychrotolérantes ou thermotolérantes. Elles se développent majoritairement à des pH compris entre 4 et 6,5, avec pour certains genres des valeurs plus extrêmes. D'un point de vue nutritionnel, le groupe des bactéries lactiques fermente les hydrates de carbone et produit des acides organiques, notamment de l'acide lactique (ce trait, commun à la famille des bactéries lactiques, et connu depuis longtemps, leur vaut ce nom). Sur la base de leur profil fermentaire, on distingue deux grands groupes de bactéries lactiques : les bactéries homofermentaires et les bactéries hétérofermentaires. Le premier groupe utilise la voie de la glycolyse pour produire de l'acide lactique comme produit terminal (cas des genres *Lactococcus* et *Streptococcus*, et de certaines espèces du genre *Lactobacillus*). Le second groupe utilise la voie du 6-phosphogluconate pour fermenter les sucres et produire de l'acide lactique, de l'acide acétique, du dioxyde de carbone, de l'éthanol et de l'acétate comme produits finaux, lesquels ont des effets sur le goût et la texture des produits (Ström *et al.*, 2005). La différence entre ces deux groupes est détectable par la mesure du dégagement de dioxyde de carbone (cas des espèces du genre *Leuconostoc* et de certaines espèces du genre *Lactobacillus*).

Les bactéries lactiques sont impliquées dans un grand nombre de fermentations naturelles de produits alimentaires (Stiles et Holzapfel, 1997). Elles sont principalement utilisées dans la technologie des produits fermentés, où elles contribuent aux caractéristiques organoleptiques et à l'amélioration de la durée de conservation des produits. Leur rôle principal dans la fermentation et la biopréservation des aliments réside dans leur capacité à produire de l'acide lactique au cours de leur croissance, acide qui diminue le pH des aliments et est responsable de l'inhibition du développement de micro-organismes indésirables (Brul et Coote, 1999). Cependant, d'autres métabolites (acide citrique, CO_2) peuvent aussi contribuer à la préservation des produits alimentaires. Outre l'aspect technologique, la propriété acidifiante des bactéries lactiques contribue également à la texture et à la saveur des aliments.

L'acide lactique est un monoacide faible, dont le pKa est de 3,86. Seule la forme non dissociée ($CH_3CHOHCOOH$: forme la plus hydrophobe de l'acide) peut traverser la membrane plasmique et se dissocier à l'intérieur de la cellule, libérant des ions qui acidifient le cytoplasme (Axelsson, 1990 ; Piard et Desmazeaud, 1991). En plus de l'effet du pH, l'acide non dissocié fait chuter le gradient électrochimique des protons, causant la mort des bactéries sensibles (Eklund, 1989). Diverses espèces du genre *Lactobacillus* sont utilisées pour la production de l'acide lactique, mais il est important de souligner que d'autres micro-organismes peuvent être utilisés pour cette production, en particulier *Bacillus coagulans* et certaines moisissures.

Les bactéries lactiques hétérofermentaires produisent également de l'acide acétique en quantités plus ou moins élevées, ainsi que de très faibles quantités d'acide propionique (Schnürer et Magnusson, 2005). Comme dans le cas de l'acide lactique, les acides acétique et propionique interagissent avec les membranes cellulaires pour neutraliser le gradient électrochimique des protons, mais cet effet est souvent tributaire de la diminution du pH causée par l'acide lactique (Eklund, 1989 ; Freese *et al.*, 1973). Cependant, l'activité antimicrobienne de l'acide acétique est plus efficace que celle de l'acide lactique, en raison de sa plus grande valeur de pKa (4,75 pour l'acide acide acétique, contre 3,86 pour l'acide lactique) et d'une plus grande proportion de formes non dissociées à un pH donné dans le cas de l'acide acétique, par rapport à l'acide lactique (Cotter et Hill, 2003). Ainsi, l'acide acétique est plus inhibiteur de *Listeria monocytogenes* que l'acide lactique ; mais ce dernier, en abaissant le pH du milieu, favorise l'augmentation de la toxicité de l'acide acétique, avec lequel il agit donc de manière synergique (Ahmad et Marth, 1989).

L'impact de l'activité acidifiante des bactéries lactiques à l'égard des flores pathogènes et/ou d'altération a été largement étudié, aussi bien en conditions de laboratoire qu'en milieux modèles ou dans diverses catégories de denrées alimentaires fermentées. Les études en conditions de laboratoire sont de deux types : soit il s'agit d'études orientées vers l'isolement et la sélection d'espèces de bactéries lactiques dotées d'un pouvoir acidifiant convenable (Kostinek *et al.*, 2007 ; Hwanhlem *et al.*, 2011), en vue de leur utilisation technologique potentielle comme ferments ; soit il s'agit d'études réalisées sur denrées alimentaires (études *in situ*) consistant en l'inhibition de bactéries indésirables par des bactéries lactiques. Dans ce cas, la plupart des travaux sont axés sur l'inhibition des bactéries pathogènes (Casalta *et al.*, 1995 ; Tiganitas *et al.*, 2009 ; Naim *et al.*, 2008), mais concernent aussi des bactéries d'altération. En conditions de laboratoires (*in vitro*), une équipe belge (Makras et De Vuyst, 2006) a étudié l'inhibition de bactéries pathogènes à Gram négatif par des Bifidobactéries (dont des souches probiotiques commerciales) causée par la production d'acides organiques. Plusieurs souches de *Bifidobacterium* ont montré une forte activité inhibitrice à l'égard de *Salmonella enterica* sérotype Typhimurium SL1344 et d'*Escherichia coli* C1845. Le mécanisme d'inhibition s'est révélé être dépendant de l'abaissement du pH du milieu et de la production d'acides organiques, en particulier d'acide acétique et d'acide lactique.

L'impact de l'acidification, en particulier sur les bactéries pathogènes, a également été étudié sur divers produits fermentés (salaisons, fromages, végétaux, poissons…). Pour les produits carnés fermentés, il est intéressant de constater que les salaisons sèches (comme le saucisson sec ou le salami) sont, de loin, les produits les plus étudiés, y compris en matière de modélisation, qui tient compte du pH comme paramètre prépondérant. Dans cette catégorie de produits, l'effet de l'acidification (pH) est souvent associé à celui d'autres paramètres, en particulier l'activité de l'eau. Ainsi, plusieurs études ont été réalisées sur *L. monocytogenes*, *S.* Typhimurium, *Yersinia enterocolitica* et des souches de *E. coli* productrices de shigatoxines, notamment celles appartenant au sérotype O157:H7. La plupart des études ont montré que l'acidification par des ferments sélectionnés est le premier paramètre limitant le développement des bactéries indésirables (Thévenot *et al.*, 2005 ; Montet *et al.*, 2008 ; Hwang *et al.*, 2009 ; Lindqvist et Lindblad, 2009 ; Heir *et al.*, 2010 ; Holck *et al.*, 2011). Les travaux de Montet *et al.* (2008) sur le saucisson sec se sont intéressés à l'impact de l'acidification sur la réduction de la concentration bactérienne de plusieurs souches d'*E. coli* productrices de shigatoxines et présentant des sensibilités différentes au pH (trois souches acido-sensibles et trois souches acido-résistantes). Les résultats ont montré que la baisse de pH opérée pendant la phase de fermentation (pH diminuant de 5,8 à 4,9) entraîne une réduction comprise entre 1 et 1,5 log UFC/g pour les deux catégories de souches (sensibles ou résistantes).

Pour les produits laitiers, une étude norvégienne (Røssland *et al.*, 2005) s'est intéressée à l'effet sur *Bacillus cereus* de différents métabolites antimicrobiens produits par des souches des genres *Lactobacillus* ou *Lactococcus* lors de co-cultures dans le lait. Les expériences ont montré que la production de diacétyle, de dioxyde de carbone et d'éthanol était trop faible pour contribuer à l'inhibition de *B. cereus*. De plus, la substance inhibitrice produite par les bactéries lactiques testées n'étant pas sensible aux protéases (protéinase K, trypsine, pepsine), il était peu probable qu'il s'agisse d'une bactériocine. Les travaux ont conclu que l'inhibition de *B. cereus* était donc due aux acides organiques, et plus particulièrement à l'acide lactique synthétisé à des taux très différents par les bactéries lactiques testées, mais dans des concentrations plus élevées que celle de l'acide acétique.

Pour les produits fromagers fermentés, dont la technologie est proche de celle des salaisons fermentées, Mufandaedza *et al.* (2006) ont étudié les propriétés antimicrobiennes de souches de bactéries lactiques et de levures isolées d'un lait fermenté traditionnel du Zimbabwe (Afrique australe). Ces souches ont été testées pour connaître leur impact sur la survie et la croissance d'*E. coli* 3339 et de *Salmonella* Enteritidis 949575, deux souches ayant été impliquées dans des cas cliniques humains. Les cultures « starter » utilisées étaient *L. lactis* subsp. *lactis* biovar. *diacetylactis* (C1), seule ou en association avec *Candida kefyr* 23 (C1/23), ainsi que *L. lactis* subsp. *lactis* (Lc261) seule ou combinée avec *C. kefyr* 23 (Lc261/23). La souche C1 était la plus efficace contre les agents pathogènes, son effet inhibiteur étant apparu comme principalement lié à une production rapide d'acide.

Dans le domaine des produits de la mer, des chercheurs thaïlandais et japonais ont étudié le *Plaa-Som*, préparation thaïlandaise fermentée à partir de poissons d'eau douce et de divers ingrédients, à partir duquel ils ont isolé plus de 100 souches de bactéries lactiques à différentes étapes de la fermentation (Hwanhlem *et al.*, 2011). L'étude a montré que quatre isolats (trois souches d'*Enterococcus faecalis* et une souche de *Streptococcus salivarius*) présentaient une inhibition significative, à la fois à l'égard d'*E. coli*, de *Staphylococcus aureus* et du genre *Salmonella*. Parmi les quatre isolats, la souche de *S. salivarius* a affiché le pouvoir acidifiant le plus marqué. En réalisant des essais de fermentation du *Plaa-Som* par une culture mixte composée des quatre isolats comme cultures starters, la baisse du pH a entraîné des réductions bactériennes significatives sans impact sur la couleur, l'odeur, le goût et la texture. Dans une autre étude thaïlandaise (Saithong *et al.*, 2010), deux souches de bactéries lactiques, également isolées à partir de *Plaa-som*, ont été utilisées comme ferments : *Lactobacillus plantarum* IFRPD P15 (Institute of Food Research and Product Development) et *Lactobacillus reuteri* IFRPD P17. Inoculées de manière à être dominantes dans la charge bactériologique initiale, ces souches ont produit une forte acidité (baisse du pH) dès 24 heures et jusqu'en fin de fermentation. *L. plantarum* IFRPD P15 est la souche qui a produit le plus d'acidité en début de fermentation, elle était suivie par *L. reuteri* IFRPD P17, qui a montré une activité antimicrobienne à l'égard d'*E. coli* à un stade plus tardif du processus fermentaire. Dans ces conditions opératoires, l'utilisation d'une culture starter mixte s'est donc avérée nécessaire pour aboutir à une diminution significative d'*E. coli*. Ainsi, l'association de souches de *L. plantarum* et de *L. reuteri* a semblé dotée d'un fort potentiel, dans la mesure où elle a allié une double fonctionnalité : fermentation et biopréservation.

Le dernier domaine agroalimentaire abordé dans cette partie est la panification. La production rapide d'acides par les bactéries lactiques est une propriété recherchée pour la sélection des levains (cultures de levure associées à une bactérie lactique) utilisés dans les processus de levage. Ainsi, Clarke *et al.* (2002), Gianotti *et al.* (1997), et Gobbetti *et al.* (1995) ont montré que tous les isolats testés peuvent produire efficacement des acides, notamment au cours de la première et de la deuxième journée d'incubation, ce qui est essentiel dans la production de pain au levain, pour des raisons technologiques et hygiéniques. En outre, parmi les différents isolats, *Lactobacillus brevis* subsp. *lindneri* et *Lactobacillus viridescens* sont souvent sélectionnés comme cultures « starter » en raison de leur production d'acide acétique en plus de celle d'acide lactique. En effet, la forme non dissociée de l'acide acétique a montré une activité inhibitrice contre les germes pathogènes et la faible valeur du pH du levain favorise sa production.

Dans une autre étude, menée en 2006 par Şimşek *et al.*, vingt isolats de bactéries lactiques, issus de levains et recueillis auprès de boulangeries commerciales, ont été sélectionnés pour leur capacité à produire de hauts niveaux d'acides présentant une activité antimicrobienne. La quantité d'acide lactique produite ayant été fortement – et positivement – corrélée avec celle de l'acide total, il a été conclu que des souches hautement antagonistes (telles que *L. brevis* subsp. *lindneri* 2103, *L. viridescens* 241, 242 ou *Pediococcus* spp.) peuvent être utilisées efficacement contre la croissance de *E. coli*, *Bacillus subtilis* et *Bacillus licheniformis*, en tant que bactéries recontaminantes lors du procédé de fermentation.

À noter enfin que l'intérêt de l'acidité pour une meilleure conservation des produits alimentaires a conduit, depuis de nombreuses années, au développement de nombreux additifs de synthèse pour leur rôle antioxydant et de conservateurs (ex. : acétate de sodium produit à partir d'acide acétique, lactate de sodium ou de potassium à partir d'acide lactique…).

Peroxyde d'hydrogène et autres formes réactives de l'oxygène

Mécanismes d'action et seuils de toxicité

Le peroxyde d'hydrogène, H_2O_2, dont la solution dans l'eau est appelée eau oxygénée, est un composé très réactif et instable (Labas *et al.*, 2008), qui est très rapidement dégradé en oxygène et en eau au contact de matières organiques. Le peroxyde d'hydrogène est classé GRAS (*Generally Recognized As Safe*) pour un usage alimentaire comme agent de blanchiment, d'oxydo-réduction et anti-microbien (Sapers et Simmons, 1998).

La toxicité du peroxyde d'hydrogène pour les micro-organismes peut être directe ou indirecte. En premier lieu, le peroxyde d'hydrogène agit sur les lipides membranaires des bactéries par une réaction de peroxydation, affectant l'intégrité des membranes. Le H_2O_2 peut alors diffuser à travers la membrane cytoplasmique et endommager tous les composants cellulaires. La toxicité du peroxyde d'hydrogène est aussi due au fait qu'il induit la formation intracellulaire de formes réactives de l'oxygène, comme les ions superoxyde ($O_2^{\cdot-}$) et les radicaux hydroxyles ($\cdot OH$), à partir d'une réaction de Fenton dépendant de la disponibilité de fer ferreux (Repine *et al.*, 1981) :

$$H_2O_2 + Fe^{2+} \rightarrow OH^- + FeO^{2+} + H^+ \rightarrow Fe^{3+} + OH^- + OH$$

Le radical hydroxyle ($\cdot OH$) est un oxydant très réactif et peu sélectif, qui atteint particulièrement l'ADN en créant des ruptures de la double chaîne ou en modifiant les bases azotées. Le peroxyde d'hydrogène et le radical hydroxyle ($\cdot OH$) peuvent aussi oxyder différents acides aminés au sein des molécules protéiques, leur faisant perdre leurs fonctions : ils atteignent notamment des atomes de soufre (résidus cystéine et méthionine) présents au sein des déshydrogénases fer-soufre (Imlay, 2003 ; Labas *et al.*, 2008).

Le peroxyde d'hydrogène produit dans le lait par des micro-organismes est susceptible d'interagir avec le système lactoperoxydase naturellement présent dans le lait (Barrett *et al.*, 1999 ; Boulares *et al.*, 2011). Celui-ci se compose d'une lactoperoxydase (LPS), qui catalyse l'oxydation d'ions thiocyanates (SCN^-) par le peroxyde d'hydrogène, générant ainsi des ions hypothiocyanates et de l'acide hypothiocyanique capables d'oxyder des groupes soufrés au sein des molécules protéiques, et inhibant ainsi la croissance bactérienne. Le système LPS peut être volontairement activé par ajout d'ions thiocyanates et de peroxyde d'hydrogène dans le lait. Le potentiel d'activation du système lactoperoxydase par l'ajout dans le lait d'ions thiocyanates et de souches productrices de peroxyde d'hydrogène demande à être exploré (Delbès-Paus *et al.*, 2010).

Afin de lutter contre les effets des formes réactives de l'oxygène et les éliminer, les bactéries disposent d'équipements enzymatiques de détoxification : catalase, peroxydases et superoxyde dismutase (sod). La nature des enzymes de détoxification et leur expression varient en fonction des groupes microbiens, des espèces et des souches. Les bactéries lactiques ne possèdent généralement pas de catalase, mais la plupart possèdent une superoxyde dismutase. Celle-ci élimine les ions superoxyde $O_2^{\cdot-}$, mais génère du peroxyde d'hydrogène, qui peut à son tour être réduit en eau par une NADH peroxydase (Miyoshi *et al.*, 2003). Cependant, chez *L. lactis*, l'activité de la NADH peroxydase est faible et la détoxification n'est pas très efficace.

Pour contrecarrer l'effet des formes réactives de l'oxygène dans la cellule, les bactéries activent un mécanisme de survie appelé réponse SOS, qui intervient dans la réparation des dommages causés à l'ADN (Van der Veen et Abee, 2011).

De faibles concentrations de peroxyde d'hydrogène, de l'ordre du μM, peuvent avoir des effets délétères sur la croissance de souches bactériennes, tandis que des concentrations de l'ordre du mM sont susceptibles d'endommager l'ADN des cellules avec un effet bactéricide (Imlay, 2003). Cependant, le seuil de concentration de peroxyde d'hydrogène ayant un effet bactériostatique ou bactéricide varie en fonction des espèces et des souches. Labas *et al.* (2008) ont noté un effet bactériostatique du peroxyde d'hydrogène sur des cellules d'*E. coli* en milieu de culture à partir d'une concentration de 0,7 mM, et un effet bactéricide pour des concentrations supérieures à 2,9 mM. Pour *S. aureus*, un effet bactériostatique du peroxyde d'hydrogène en milieu de culture a été observé à partir d'une concentration de 0,5 mM, et un effet bactéricide a été mis en évidence pour des concentrations supérieures à 3,3 mM (Delbès-Paus *et al.*, 2010 ; Otero et Nader-Macias, 2006). Des concentrations supérieures à 1,5 mM compromettent la viabilité des cellules de *L. lactis*, mais une pré-adaptation à des concentrations sub-létales améliore la résistance du lactocoque (Miyoshi *et al.*, 2003).

Le pouvoir bactéricide du peroxyde d'hydrogène vis-à-vis d'une souche bactérienne donnée dépend aussi du pH du milieu et de la température. Ainsi, l'action du H_2O_2 sur *E. coli* serait plus importante à pH acide et à température élevée qu'à pH alcalin et à basse température. Raffellini *et al.* (2008, 2011) rapportent, par exemple, que le temps d'exposition au peroxyde d'hydrogène nécessaire à la réduction de 7 log d'*E. coli* ATCC32218 à pH 3 et 37,5 °C est réduit de 33 %, par rapport au temps nécessaire à pH 5,8 / 37,5 °C. À 12,5 °C, l'influence du pH est accrue, avec une réduction de 62 % du temps nécessaire à pH 3 par rapport à pH 5,8.

Flores productrices de peroxyde d'hydrogène et voies métaboliques impliquées

Le tableau 2.1 dresse une liste non exhaustive de travaux rapportant la production de peroxyde d'hydrogène par des souches bactériennes alimentaires ou appartenant à des genres ou espèces potentiellement rencontrés dans le contexte alimentaire. Cette propriété a été plus particulièrement recherchée chez les bactéries lactiques et a été mise en évidence chez des souches appartenant à au moins sept espèces de lactobacilles (*Lactobacillus delbrueckii*, *Lactobacillus fermentum*, *L. plantarum*, *Lactobacillus johnsonii*, *Lactobacillus curvatus*, *Lactobacillus crispatus* et *Lactobacillus sakei*), trois espèces de streptocoques (*Streptococcus gordonii*, *Streptococcus oligofermentans* et *Streptococcus bovis*), deux espèces de lactocoques (*L. lactis* et *Lactococcus garvieae*), mais aussi chez *Enterococcus faecium*, *Leuconostoc mesenteroides* et *Weissella paramesenteroides*.

Le peroxyde d'hydrogène est généralement produit par les bactéries lactiques en début de phase exponentielle de croissance, avec un pic entre 3 et 6 heures de culture et une diminution drastique de sa concentration au-delà de 6 heures, tandis que la concentration d'acides augmente (Gilliland et Speck, 1969). Les concentrations de peroxyde d'hydrogène détectées en milieu de culture sont de l'ordre du mM et varient en fonction des souches. Ito *et al.* (2003) rapportent que 8 souches différentes de *L. lactis* subsp. *lactis* et une souche de *L. plantarum* isolées d'aliments variés produisent jusqu'à 9 mM de peroxyde d'hydrogène en tampon PBS additionné de glucose et de lactate. De telles concentrations de peroxyde d'hydrogène sont susceptibles d'affecter la croissance de bactéries pathogènes. Nunez *et al.* (1993) rapportent que l'ajout de 3 mM de peroxyde d'hydrogène dans le lait cru a permis de réduire le niveau des *Enterobacteriaceae* dans le fromage Manchego

Tableau 2.1. Souches productrices de peroxyde d'hydrogène et micro-organismes cibles.

Souche productrice d'H_2O_2	Origine	Concentrations produites	Conditions de culture	Souche cible	Référence
Enterococcus faecium		0,24 mM/h	BHI 37 °C	nématode	Moy *et al.*, 2004
Leuconostoc mesenteroides	Céréales fermentées	Jusqu'à 1 mM	MRS pH 5,5 30 °C avec KNO_3 et mannitol	*Pseudomonas aeruginosa*	Adesokan *et al.*, 2010
Lactobacillus delbrueckii *L. fermentum* *L. plantarum*	Céréales fermentées	Jusqu'à 1 mM	MRS pH 5,5 30 °C avec KNO_3 et mannitol	*S. aureus*	Adesokan *et al.*, 2010
L. delbrueckii subsp. *bulgaricus* ATCC 11842		0,288 ± 0,905 mM	TPY avec glucose	ND	Kot *et al.*, 1996
L. johnsonii	Tractus intestinal humain	> 0,8 mM	LAPTg	*Salmonella enterica*	Pridmore *et al.*, 2008
L. curvatus	Viande	ND	Well diffusion assay (MRS)	*L. monocytogenes* *E. coli* O157:H7	Ghalfi *et al.*, 2006
L. crispatus F117	Tractus vaginal	3,29 mM	LAPTg	*S. aureus*	Ocaña *et al.*, 1999
L. sakei	Atelier de transformation de produits carnés	ND	BHI 30 °C	*L. innocua*	Ammor *et al.*, 2005
Lactococcus garvieae	Lait de vache	Jusqu'à 1,6 mM	BHI 30 °C	*S. aureus*	Delbès-Paus *et al.*, 2010
L. lactis subsp. *lactis* AI62	Aliments divers	Jusqu'à 9 mM	MRS puis PBS avec glucose et lactate	*Listeria, Yersinia, Aeromonas, E. coli*	Ito *et al.*, 2003
L. lactis CRL 1584	Raniculture	< 0,1 mM	LAPTg	*Citrobacter freundii*	Pasteris *et al.*, 2011
Streptococcus oligofermentans	Plaque dentaire		Substrat peptoné	*Streptococcus mutans*	Tong *et al.*, 2008
Streptococcus gordonii	Plaque dentaire				Barnard et Stinson, 1999
Streptococcus bovis *Weissella paramesenteroides*	Lait de vache (premier jet)	ND	Gélose TMB		Espèche *et al.*, 2009

de 0,9 log UFC/g jusqu'à 45 jours. Cependant, à notre connaissance, la production de peroxyde d'hydrogène par des bactéries n'a jamais été mesurée directement au sein d'un aliment, son instabilité et sa forte réactivité le rendant particulièrement difficile à doser, ce qui peut expliquer en partie ce manque de données. De plus, la production de peroxyde d'hydrogène par des bactéries *in vitro* nécessite un état physiologique qui ne sera pas nécessairement le même dans un aliment.

Le rôle potentiel du peroxyde d'hydrogène dans l'inhibition de pathogènes par des bactéries lactiques en milieu de culture ou en lait, a été montré de manière indirecte par l'ajout de catalase, qui dégrade le peroxyde d'hydrogène et lève partiellement l'inhibition (Delbès-Paus *et al.*, 2010 ; Pasteris *et al.*, 2011). Par exemple, l'inhibition de *S. aureus* par le surnageant de culture d'une souche de *L. crispatus* isolée à partir de tractus vaginal est levée par l'ajout de catalase (Ocaña *et al.*, 1999). Ainsi, les propriétés bactéricides de nombreuses souches de lactobacilles, vis-à-vis de bactéries pathogènes, responsables d'infections du système urogénital chez la femme, sont attribuées à la production de peroxyde d'hydrogène (Atassi et Servin, 2010). De même, l'inhibition de *Listeria innocua* par le surnageant de culture de *L. sakei* (Ammor *et al.*, 2005) ou celle de souches de *Y. enterocolitica*, *Listeria*, *Aeromonas* et *E. coli* par le surnageant de culture de *L. lactis* subsp. *lactis* AI62 (Ito *et al.*, 2003) est partiellement ou totalement levée par l'ajout de catalase. L'inhibition de *S. aureus* par *L. garvieae* est partiellement levée, de 28 % et 24 % respectivement, en lait pasteurisé et en lait cru, par l'ajout de catalase (Delbès-Paus *et al.*, 2010).

La production d'ion superoxyde et de peroxyde d'hydrogène interviendrait également dans l'activité antagoniste de levures employées pour le contrôle biologique des maladies post-récolte des fruits et légumes. Ainsi, *Candida oleophila* et *Metschnikowia fructicola* produisent des ions superoxyde à la surface des fruits, induisant une activation de mécanismes de défense du végétal, qui se traduit notamment par une surproduction de peroxyde d'hydrogène et lui confère une résistance accrue aux pathogènes nécrotrophes, tels que *Botrytis cinerea* (Macarisin *et al.*, 2010).

Les voies métaboliques impliquées dans la production de peroxyde d'hydrogène par les bactéries sont multiples. Le peroxyde d'hydrogène résulte de la réduction partielle de l'oxygène, lors du fonctionnement normal du métabolisme énergétique de la cellule en conditions aérobies. De nombreuses enzymes de la famille des oxydases sont susceptibles de catalyser la synthèse de peroxyde d'hydrogène en présence d'oxygène, dont la NADH oxydase, la pyruvate oxydase, la lactate oxydase et la glycérophosphate oxydase (Piard et Desmazeaud, 1991 ; Marty-Teysset *et al.*, 2000). Par ailleurs, *L. delbrueckii* subsp. *lactis* (Villegas et Gilliland, 1998), *L. delbrueckii* subsp. *bulgaricus* (Marty-Teysset *et al.*, 2000), *L. lactis* subsp. *lactis* et *L. lactis* subsp. *cremoris* (Anders *et al.*, 1970) possèdent une NADH:H_2O_2 oxydase. La pyruvate oxydase, rencontrée notamment chez *L. johnsonii*, *Lactobacillus gasseri* et *L. plantarum*, catalyse la conversion de l'acétyl phosphate en acide acétique, laquelle s'accompagne de la production de peroxyde d'hydrogène (Sedewitz *et al.*, 1984 ; Pridmore *et al.*, 2008). Les flavoenzymes de la famille des L-amino acide oxidases, largement distribuées parmi les bactéries, catalysent la désamination oxydative des acides aminés L en alpha-céto acides, qui s'accompagne d'un relargage d'ions ammonium et de peroxyde d'hydrogène (Tong *et al.*, 2008 ; Chen *et al.*, 2010). Ces enzymes sont notamment impliquées dans l'activité inhibitrice de la bactérie marine *Pseudoalteromonas flavipulchra* vis-à-vis de *S. aureus* (Chen *et al.*, 2010). Le peroxyde d'hydrogène peut également être formé par l'activité de superoxyde dismutases (sod), comme évoqué page 24 dans le paragraphe dédié aux mécanismes d'action et seuils de toxicité.

Les quantités de peroxyde d'hydrogène produites dépendent de l'activité de ces enzymes, et la concentration de peroxyde d'hydrogène résulte de l'équilibre entre les activités réductrices productrices de peroxyde d'hydrogène et les activités peroxydasiques (NADH peroxydase, catalase) (Piard et Desmazeaud, 1991).

Facteurs affectant l'efficacité des flores productrices de peroxyde d'hydrogène

La capacité des bactéries à produire du peroxyde d'hydrogène peut être affectée par la température, le pH, la nature des sources de carbone et d'azote du milieu, ainsi que par les conditions d'aérobiose (Adesokan *et al.*, 2010 ; Barnard et Stinson, 1999).

Adesokan *et al.* (2010) ont observé une production supérieure de peroxyde d'hydrogène par *L. mesenteroides* et *L. brevis* en présence de mannitol comme source de carbone, par rapport au glucose et au maltose. Ces auteurs rapportent également la production de plus faibles concentrations de peroxyde d'hydrogène par différents lactobacilles en présence d'extrait de levures comme source d'azote, par rapport à la caséine et au nitrate de potassium (KNO_3). Ces concentrations plus faibles pourraient s'expliquer par la présence de catalase dans l'extrait de levure.

La concentration en oxygène est un facteur majeur pour la production de peroxyde d'hydrogène. Une production plus précoce et des concentrations supérieures d'H_2O_2 sont généralement observées dans les cultures aérobies sous agitation par rapport aux cultures statiques (Gilliland et Speck, 1969 ; Marty-Teysset *et al.*, 2000 ; Delbès-Paus *et al.*, 2010 ; Pasteris *et al.*, 2011). La production de peroxyde d'hydrogène de *S. gordonii* (Barnard et Stinson, 1999) apparaît réduite de 36 %, et celle de *L. delbrueckii* subsp. *bulgaricus* (Marty-Teysset *et al.*, 2000) de 50 à 66 % en culture aérobie statique, par rapport à une culture agitée.

L'acidification du milieu apparaît également globalement défavorable à la production de peroxyde d'hydrogène. Chez *S. gordonii*, elle est réduite de 26 % par un abaissement du pH de 5,5 à 5 (Barnard et Stinson, 1999). De la même manière, chez *L. delbrueckii* subsp. *bulgaricus,* elle est réduite de 40 % par un abaissement du pH de 6,5 à 5 (Kot *et al.*, 1996).

L'activité inhibitrice des flores protectrices, comme les lactobacilles, peut être multifactorielle et synergique. Atassi et Servin (2010) ont ainsi observé un effet bactéricide accru du peroxyde d'hydrogène vis-à-vis de *Gardnerella vaginalis* et de *S.* Typhimurium, en présence d'acide lactique. Ces auteurs suggèrent que l'acide lactique et le peroxyde d'hydrogène produits par *L. johnsonii* et *L. gasseri* agissent en synergie pour inhiber ces deux pathogènes, phénomène qui pourrait s'expliquer par la répression du régulon *oxyR*, impliqué dans la réponse au stress oxydatif chez *S.* Typhimurium, en présence d'acide lactique (Greenacre *et al.*, 2006), ou par son effet perméabilisant sur la membrane cellulaire (Alakomi *et al.*, 2000). Chez *L. delbrueckii* subsp. *bulgaricus*, la production de peroxyde d'hydrogène est associée à la séquestration par la cellule de fer sous forme Fe(OH)$_3$, généré suite à l'oxydation du Fe^{2+}. La disponibilité du fer devient alors limitante pour les pathogènes (Kot *et al.*, 1996). L'inhibition d'*E. coli* O157:H7 par *L. curvatus* serait principalement due à la production de peroxyde d'hydrogène, mais également de bactériocine (Ghalfi *et al.*, 2006).

En conclusion, les souches productrices de peroxyde d'hydrogène représentent un potentiel séduisant pour une utilisation comme agents de biopréservation en raison du large spectre d'action du peroxyde d'hydrogène vis-à-vis des pathogènes et d'autres populations bactériennes indésirables, ainsi que de sa non-persistance dans l'aliment. Cependant, la production de peroxyde d'hydrogène par ces souches au sein des matrices alimentaires, ainsi que le rôle du peroxyde d'hydrogène dans les cas d'interactions antagonistes observées, restent difficiles à démontrer. La production de peroxyde d'hydrogène – et son action inhibitrice – dépend fortement des conditions environnementales (aérobiose, pH, température, sources de carbone et d'azote) et il est probable qu'elle varie en fonction de la nature de l'aliment et de la complexité de son microbiote.

Les bactériocines

Les bactériocines sont des peptides antimicrobiens synthétisés par des bactéries par voie ribosomique, qui sont actifs contre d'autres bactéries généralement proches taxonomiquement. À ce propos, les nisines et les bactériocines de classe IIa (bactériocines « pédiocine-like ») ont principalement focalisé les recherches et les applications dans les aliments.

Plusieurs stratégies sont utilisées pour biopréserver des aliments *via* des souches productrices de bactériocines : i) utilisation d'une préparation plus ou moins purifiée de bactériocine sans la souche productrice (extrait de bactériocine) ; ii) inoculation de l'aliment par une souche « starter » produisant la bactériocine *in situ* ; et iii) utilisation comme « starter » de fermentat contenant à la fois la culture protectrice vivante et la bactériocine produite et concentrée lors de la préparation de la culture. Dans ces deux derniers cas, les conséquences de la croissance de la culture protectrice sur les qualités organoleptiques du produit doivent être évaluées. Les études et les applications pour la biopréservation des aliments par des bactériocines produites par les bactéries lactiques dominent dans la littérature de ce domaine.

La nisine

La nisine est un polypeptide antibactérien produit par certaines souches de *L. lactis* et qui est principalement actif contre les bactéries à Gram positif. La nisine A est constituée de 34 acides aminés (3510 Da), dont des acides aminés inhabituels, notamment des cycles lanthionines (ALA-S-ALA) (Gross et Morell, 1971). La présence des cycles lanthionines est caractéristique des bactériocines dénommées lantibiotiques. Les nisines Z et Q constituent des variantes de séquences de la nisine A.

Les lantibiotiques sont des peptides qui interagissent avec la membrane cellulaire grâce à des liaisons de type électrostatique ou avec des récepteurs spécifiques, tels que le lipide II (Bauer et Dicks, 2005). La nisine peut avoir un double mode d'action.

Elle peut d'abord se lier au lipide II, qui est le principal transporteur de sous-unités peptidoglycane du cytoplasme vers la membrane cellulaire, et par conséquent empêcher la synthèse de la paroi cellulaire, processus qui conduit à la mort des cellules. Le peptide peut aussi utiliser le lipide II comme un récepteur, afin d'engager un processus d'insertion dans la membrane et la formation de pores. Il résulte de ce processus une augmentation de la perméabilité membranaire provoquant un efflux rapide de l'ATP, des ions et des acides aminés entraînant une dissipation de la force proton motrice, à l'origine de la mort de la cellule (Patton et Van der Donk, 2005).

La nisine a été découverte en 1928 à l'occasion de travaux sur l'inhibition de lactobacilles utilisés comme ferments par une souche de *L. lactis* productrice de nisine lors de la fabrication de fromage (Rogers, 1928). Son spectre d'action limité, sa faible solubilité dans les liquides biologiques et sa relative faible instabilité au pH physiologique, font que les applications de la nisine à des fins de thérapeutique humaine ou vétérinaire ont été écartées. Les premières applications dans la biopréservation des aliments datent des années 1950 et concernent l'inhibition du développement de *Clostridium* dans du fromage suisse (Hiersch *et al.*, 1951). Une préparation commerciale de la nisine apparut rapidement sur le marché (1953), sous la forme d'un fermentat commercialisé sous le nom de Nisaplin par la société anglaise Aplin et Barret (devenue Danisco depuis 1999). D'autres préparations de nisine (environ 2,5 % de nisine pure) sont également commercialisées : Delvoplus (nisine A, DSM, Pays-Bas), Christin (nisine A, CHR Hansen, Danemark) et SE nisin (nisine Z, Zheijiang, Silver Elephant, Chine).

En 1998 aux États-Unis, la FDA confirme que la nisine possède le statut GRAS pour un usage direct comme ingrédient alimentaire. L'EFSA a renouvelé en 2006 l'autorisation d'utiliser en Europe la nisine comme additif alimentaire (E234), ce qui fait de la nisine la seule bactériocine d'usage autorisé en Europe. La nisine peut également être utilisée comme agent antibactérien dans des procédés d'emballages actifs, afin d'inhiber la croissance des micro-organismes indésirables présents à la surface des aliments (Joerger, 2007).

Les bactériocines de classe II

Le succès de l'utilisation de la nisine comme agent de biopréservation des aliments a stimulé les développements des recherches destinées à découvrir d'autres souches bactériocigéniques. Les travaux sur l'utilisation de bactériocines dans les aliments se sont principalement focalisés sur les bactériocines de classe II.

Les bactériocines de classe II ne contiennent pas de lanthionine et sont des peptides de faible taille (< 10 kDa), résistants à la chaleur et qui ne subissent pas, contrairement aux lantibiotiques, de modification post-traductionnelle. Dans tous les systèmes de classification des bactériocines, la classe II comprend la classe IIa (pédiocine-like) et la classe IIb, qui correspondent aux bactériocines nécessitant l'activité combinée de deux peptides.

Les bactériocines pédiocine-like présentent à la fois un spectre d'activité réduit et une activité spécifique élevée contre *L. monocytogenes*. Ces bactériocines sont constituées de 37 (leucocine A et mésentéricine) à 48 acides aminés (carnobactériocine B2) et possèdent un ou deux ponts disulfures. Ces peptides contiennent dans leur exterminé

N-terminale le motif de séquence d'acides aminés YGNGVXCXXXXVXV, dans laquelle X représente n'importe quel aminoacide (Drider *et al.*, 2006).

Les bactériocines pédiocine-like agissent par perméabilisation de la membrane, provoquant la libération des molécules dans la cellule cible. La sensibilité de *L. monocytogenes* aux bactériocines de classe IIa (mesentericine Y105 et leucocine A) nécessite l'expression des gènes *mptACD* codant pour la perméase du mannose du système des phosphotransférases (EII^{Man}). De plus, une interaction physique entre le peptide et EII^{Man} est nécessaire et indique que cette perméase fonctionne comme un récepteur des bactériocines de classe IIa (Dalet *et al.*, 2001).

L'utilisation de la pédiocine PA1 pour la biopréservation des aliments est exploitée commercialement par Quest sous la forme d'un fermentat (ALTA 2431) produit à partir d'une souche de *Pediococcus acidilactici* (Rodriguez *et al.*, 2002).

Au cours des 60 dernières années, les bactériocines, notamment celles produites par les bactéries lactiques, ont été proposées comme options de gestion du risque microbien pour un très grand nombre d'aliments. Cependant, la nisine et, dans une moindre mesure, la pédiocine PA1, restent les seuls exemples d'utilisation à grande échelle de ces peptides dans les industries alimentaires. Ce décalage entre les recherches et les applications résulte probablement d'une résistance à l'innovation dans le domaine des techniques de conservation des aliments et des contraintes réglementaires qui s'imposent. Cependant, les exigences élevées « pour des aliments sains et naturels » imposées par les consommateurs, associées avec un traitement minimal et durable, peuvent dorénavant fournir une opportunité pour une application plus étendue des bactériocines.

Compétition microbienne/compétition nutritionnelle

La définition d'un protocole impliquant la biopréservation appliquée à un aliment nécessite la détermination de la nature de l'inhibition produite par une flore bioprotectrice, « starter » ou en co-culture, vis-à-vis de la (des) bactérie(s) cible(s). Différentes natures d'inhibition ont été observées au sein d'une même espèce. Pour une même souche, plusieurs mécanismes d'inhibition peuvent coexister. Nous allons nous intéresser, pour ce qui nous concerne, à l'interaction de type compétition microbienne/compétition nutritionnelle, qui a été largement étudiée entre, d'une part, la flore endogène d'un aliment, et d'autre part la bactérie pathogène contaminant un aliment.

Effet Jameson

Dès 1962, Jameson a décrit l'interaction entre deux populations (non dépendantes d'effets de type bactériocine, bactériophage ou réduction de pH) comme une compétition à utiliser les ressources de l'environnement, afin d'optimiser la croissance et la population maximale atteinte dans l'aliment. L'inhibition de type compétition microbienne a été démontrée pour *Salmonella,* dont l'arrêt de croissance est observé expérimentalement, lorsque la population maximale est atteinte par la flore endogène. Cet effet a été rapporté également pour *S. aureus, Y. enterocolitica, B. cereus,*

Salmonella infantis, et *Carnobacterium* spp. (Buchanan et Bagi, 1997 ; Duffes *et al.*, 1999a, 1999b ; Grau et Vanderlinde, 1992 ; Nilsson *et al.*, 2005).

Les études ont démontré la complexité des dynamiques microbiennes sensibles aux conditions initiales. Buchanan et Bagi (1997) ont ainsi montré que *L. monocytogenes* se développant en co-culture avec *Pseudomonas fluorescens* peut atteindre une population maximale plus basse, plus élevée ou équivalente à celle atteinte pour la bactérie pathogène en monoculture. L'étude des dynamiques microbiennes dans l'aliment nécessite la connaissance de sa composition chimique et de son écosystème, ainsi que la détermination des facteurs affectant les interactions microbiennes, et des conditions de commercialisation (transport, stockage, distribution, consommation). Par ailleurs, des études d'écologie microbienne indiquent que la compétition entre les flores dépend des souches et des niveaux de concentration initiale entre la flore endogène et la flore cible dans l'aliment.

Lorsque les ressources sont limitantes (inhibition non spécifique d'une compétition pour un nutriment commun), la croissance de chacune des populations stoppe. L'effet Jameson correspond à l'arrêt simultané de toute la croissance de la microflore dans l'aliment quand la population bactérienne dominante atteint sa phase stationnaire (entrée simultanée en phase stationnaire de deux populations bactériennes) (Ross *et al.*, 2000 ; Mellefont *et al.*, 2008 ; Dalgaard et Jorgensen, 1998 ; Lakshmanan et Dalgaard, 2004). Fréquemment, une compétition nutritionnelle est évoquée (Coleman *et al.*, 2003 ; Giménez et Dalgaard, 2004 ; Mejlholm et Dalgaard, 2007 ; Gnanou-Besse *et al.*, 2006).

En plus de l'effet Jameson, Gnanou-Besse *et al.* (2006) ont décrit « l'effet géométrique » sur des bactéries immobilisées en milieu solide, en raison de la limitation de diffusion des cellules, des nutriments et des métabolites.

Une corrélation entre la taille de l'inoculum de *L. monocytogenes* et la densité de la population maximale atteinte dans différents aliments a été mise en évidence (Guyer et Jemmi, 1991 ; Carlin *et al.*, 1996 ; Gnanou-Besse *et al.*, 2006). Elle résulte d'un ensemble d'interactions et de paramètres, dont la nature de la flore présente dans l'aliment (Gnanou-Besse *et al.*, 2006).

Lors de l'effet Jameson dans les aliments, les interactions microbiennes conduisent à une réduction de la population maximale atteinte, mais sont sans effet sur la latence, ni sur le taux de croissance (Buchanan et Bagi, 1997 ; Carlin *et al.*, 1996 ; Mellefont *et al.*, 2008). Ainsi, la population minoritaire arrête sa croissance et entre en phase stationnaire lorsque la population dominante atteint son niveau maximum (Devlieghere *et al.*, 2001 ; Grau et Vanderline, 1992).

Le plus souvent, les publications se référant à l'effet Jameson concernent la compétition microbienne entre des flores endogènes ou ensemencées, et une flore cible (pathogène ou d'altération) (Powel *et al.*, 2004 ; EFSA, 2008 ; Irlinger et Mounier, 2009). On peut citer à ce propos les exemples de flores cibles suivants :
– *L. monocytogenes* dans les produits de la mer (FAO-WHO, 2004 ; Beaufort *et al.*, 2007 ; Mejholm et Dalgaard, 2007), les produits à base de viande (Ross *et al.*, 2009) et les végétaux (Valero *et al.*, 2007 ; Geysen *et al.*, 2006) ;
– *L. monocytogenes* en environnement fromager, sur support d'affinage en bois et face à l'effet inhibiteur d'un biofilm microbien (Guillier *et al.*, 2008) ;

– *E. coli*, productrices de shiga-toxine en milieu d'enrichissement (Vimont *et al.*, 2006) et dans des produits à base de viande (Mataragas *et al.*, 2010) ;
– *Salmonella* dans les produits à base de viande (Oscar, 2006), les végétaux (Liu et Schaffner, 2007) et en milieu de culture (Komitopoulou *et al.*, 2004) ;
– *S. aureus* dans les produits à base de viande (Castillejo-Rodríguez *et al.*, 2002) ;
– *Cronobacter sakasakii* issu de poudre de lait infantile, en milieu d'enrichissement (Miled *et al.*, 2010).

Cependant, l'effet Jameson n'est pas applicable à chaque interaction entre deux populations. La composition et la structure d'un aliment ont un effet significatif sur les cinétiques de développement des deux populations d'intérêt. La disponibilité des nutriments et/ou ingrédients a pour conséquence de favoriser et/ou inhiber les deux populations (Rodgers, 2001).

La distribution des populations microbiennes, et en particulier celle d'une bactérie pathogène présente à un taux faible, corrélée à la disponibilité des nutriments et de caractéristiques intrinsèques de l'aliment, constitue des niches écologiques propices à la compétition nutritionnelle. Cette compétition nutritionnelle est d'autant plus importante, pour des aliments conservés à des températures de réfrigération, que les populations sont adaptées à se développer à basse température. La compétition bactérienne entre *L. monocytogenes*, accidentellement présente, et la flore lactique endogène est largement étayée : les deux familles sont adaptées à la croissance dans les conditions de conservation d'aliments réfrigérés à durée de vie longue. Cependant, alors que certains produits sont potentiellement propices à la croissance (absence d'inhibiteurs, niveaux de pH et a_w élevés, concentrations des acides trop faibles), aucun développement de la flore pathogène n'est observé. L'influence des interactions microbiennes entre des flores annexes et la bactérie pathogène dans ce phénomène est alors plausible.

Compétition pour un substrat commun

La compétition pour un substrat commun est le second mécanisme proposé par les auteurs, lors d'études expérimentales menées sur la croissance d'*E. coli* O157:H7 dans du steak haché (Powell *et al.*, 2004), et de *L. monocytogenes* dans le salami (Giuffrida *et al.*, 2009). Liu *et al.* (2006) se sont intéressés à la compétition entre deux espèces pour une concentration limitée de ressources nutritionnelles. La flore lactique et les levures ont une activité antagoniste élevée vis-à-vis des populations de coliformes, *Pseudomonas, Brochrothrix thermosphacta* et *Salmonella*, et les levures ont un effet antagoniste élevé contre la flore lactique. Nilsson *et al.* (2005) ont émis l'hypothèse que l'inhibition de *L. monocytogenes* à 5 °C par une souche de *Carnobacterium piscicola* résultait de l'appauvrissement d'un nutriment et de l'occupation de niches écologiques vitales. La compétition pour un substrat commun a également été démontrée pour les interactions microbiennes levure-levure et levure-bactérie pendant l'affinage des fromages à croûte lavée (Mounier *et al.*, 2008).

Le mécanisme d'inhibition, de type compétition microbienne/nutritionnelle dans l'aliment, est complexe et de type dynamique. L'interaction entre la flore de biopréservation et la bactérie cible va dépendre :

– de l'identité des flores et la quantité des flores ensemencées (taux initial) ;
– de leur installation ;
– de la nature de la cible (type de bactérie) et de sa présence homogène (classiquement une flore d'altération) ou hétérogène (bactérie pathogène à contamination accidentelle) dans l'aliment.

▸▸ Action en lien avec les phages

Les bactériophages ont été découverts par Twort en 1915 et par D'Hérelle en 1917. Les bactériophages sont des virus spécifiques des bactéries, sans danger pour les humains, les animaux et les plantes (Hagens et Offerhaus, 2008), qui peuvent infecter et détruire en quelques heures la quasi-totalité d'une culture bactérienne.

Les bactériophages sont des particules ubiquitaires, naturellement présents dans l'environnement (eau, sol, plantes), au sein duquel ils représentent la forme de vie la plus abondante. Néanmoins, les phages sont également rencontrés dans les aliments de diverses origines, dans lesquels jusqu'à 100 millions de phages/g peuvent être retrouvés.

Les bactériophages étant considérés comme des ennemis naturels des bactéries, par ailleurs munis d'une grande spécificité, leur utilisation potentielle en tant qu'agents de biopréservation des denrées alimentaires suscite un intérêt croissant depuis quelques années.

Mode d'action

Les phages sont spécifiques d'une espèce ou d'un genre de bactérie hôte. Les phages, qui n'ont pas de métabolisme propre, utilisent la machinerie cellulaire des bactéries pour se multiplier. Tous les bactériophages ont un cycle lytique, dit virulent ou infectieux, pendant lequel le virus s'adsorbe sur la bactérie et y injecte son matériel génétique. Après intégration dans la cellule hôte par des récepteurs spécifiques, la particule phagique se réplique à une centaine d'exemplaires qui entraînent la lyse de la cellule bactérienne et provoquent la mort cellulaire de la bactérie infectée. Les particules phagiques sont alors à nouveau dispersées dans l'environnement et peuvent se propager en infectant de nouvelles cellules bactériennes.

La reproduction des bactériophages est optimale durant la croissance des bactéries, mais est également possible au sein de cellules qui ne sont pas en phase de croissance.

De façon exceptionnelle, certains types de phages cohabitent à l'état latent – et de façon durable – avec la bactérie (cycle tempéré). Le matériel génétique des phages s'intègre au chromosome de la bactérie, qui le transmet à ses descendants. L'ADN du phage prend le nom de prophage et la bactérie est alors appelée lysogène. Une bactérie lysogène devient résistante aux phages identiques ou très proches des prophages qu'elle héberge, mais elle reste sensible à d'autres phages. Les phages peuvent s'exciser de l'ADN bactérien et reprendre un cycle lytique de façon spontanée dans des cas très rares ou sous l'effet d'un stress (irradiation aux ultra-violets ou exposition à des agents chimiques, par exemple). Dans le cas d'une utilisation pour la biopréservation, des phages virulents sont exclusivement sélectionnés.

Les phages étant immobiles, le contact avec une bactérie s'établit au hasard d'une rencontre. En général, plus de 80 % des phages d'une population sont adsorbés après une dizaine de minutes de contact avec une culture bactérienne, mais ce pourcentage peut varier avec les conditions physico-chimiques du milieu (pH, température, a_w) et la viscosité du fluide ou la texture du milieu. Lors de l'utilisation d'une culture phagique à visée de biopréservation, il est recommandé d'apporter les phages en grandes quantités (10^9 phages par cm^2 ou par g), de manière à favoriser le contact entre le phage et la bactérie cible, en particulier lorsque celle-ci est présente en faible quantité.

Du fait de leur spécificité, les phages lytiques présentent l'intérêt de ne pas perturber les écosystèmes microbiens. Par ailleurs, ils n'engendrent pas de risque de dissémination dans l'environnement, puisqu'ils ne peuvent se multiplier que dans la cellule hôte. Les limites possibles d'efficacité des phages lytiques pourraient provenir d'une acquisition de résistance des bactéries. L'utilisation de cocktails de phages pourrait alors être une piste pour pallier cet inconvénient éventuel.

Applications

Les phages sont utilisés en thérapeutique humaine pour lutter contre les infections bactériennes depuis le début du xxe siècle (D'Hérelle, 1917). Cette méthode de lutte a été quasi abandonnée depuis les années 1940, du fait de l'apparition des antibiotiques, plus faciles d'emploi. Cependant, face aux problèmes d'antibio-résistance rencontrés depuis les années 1980, l'utilisation de phages montre un regain d'intérêt (Sulakvelidze *et al.*, 2001), notamment pour lutter contre les *S. aureus* multi-résistants et contre *Pseudomonas aeruginosa*.

Les bactériophages sont également utilisés en élevage (Goodridge, 2010 ; Hagens et Loessner, 2007) pour un usage vétérinaire préventif et curatif, notamment contre *Salmonella*, *E. coli* O157:H7 et *Campylobacter*, ainsi qu'en production végétale (Svircey *et al.*, 2010) pour la lutte contre les bactéries phytopathogènes, par exemple *Erwinia amylovora*, responsable du feu bactérien.

Parallèlement, l'utilisation de phages lytiques a été explorée dans le domaine alimentaire, afin de contrôler des germes pathogènes (Hudson *et al.*, 2005, 2010 ; Hagens et Loessner, 2007) ou d'altération (Greer, 1986 ; Greer et Dilts, 2002). Les conditions d'activité des phages sont généralement compatibles avec les conditions environnementales rencontrées dans les aliments. Ainsi, le LISTEX P100™ (Micreos Food Safety) anti-*Listeria* tolère une gamme de pH allant de 4 à 9,5, supporte des solutions salines saturées, est actif à basses températures et n'est pas affecté par des atmosphères modifiées. En outre, les phages n'affectent pas les caractéristiques organoleptiques des produits alimentaires (goût, odeur, couleur, texture) et n'ont pas d'impact écologique, puisqu'ils sont constitués d'acides aminés et d'acides nucléiques. Enfin, du fait de leur spécificité, des bactériophages utilisés contre des bactéries pathogènes ne peuvent infecter les bactéries utiles des aliments, tels que les ferments. Les bactériophages peuvent également être appliqués pour décontaminer les surfaces de travail, car ils n'entraîneraient aucune corrosion du matériel.

La persistance dans l'aliment varie selon chaque bactériophage et suivant les conditions d'application, y compris la dose et les facteurs physiques et chimiques associés à l'aliment (par exemple le pH, le niveau d'humidité, etc.). La composition des aliments joue également un rôle clé, en particulier les teneurs en matières grasses, sucres, protéines et sel. Par exemple, la réfrigération augmente la persistance des bactériophages sur la surface des viandes et sur (ou dans) les produits laitiers.

Quelques exemples d'utilisation pour la bioprotection des aliments

Les principales bactéries pathogènes ciblées sont *L. monocytogenes*, *Salmonella*, *E. coli* O157:H7 et *Campylobacter*.

De nombreuses études et applications concernent *L. monocytogenes*. L'efficacité de bactériophages lytiques a été étudiée dans des fruits coupés, et une réduction de 2 à 4,6 log a été observée dans du melon fraîchement découpé (Leverentz *et al.*, 2003) tandis que l'efficacité était plus faible pour de la pomme. L'optimisation des conditions d'application du phage permet d'améliorer son efficacité (Leverentz *et al.*, 2004). Dykes et Moorhead (2002) ont étudié l'efficacité de phages anti-*Listeria* sur *L. monocytogenes* dans de la viande de bœuf cru et ont mis en évidence une efficacité modérée, d'où la nécessité de mieux comprendre les interactions phages–bactérie–matrice alimentaire. L'efficacité du LISTEX P100™ anti-*Listeria* a été montrée sur des fromages à pâte molle lavée, avec des niveaux d'efficacité variables en fonction des conditions d'utilisation (Carlton *et al.*, 2005), ainsi que sur des filets de saumon frais (Soni et Nannapaneni, 2010) et du saumon fumé en tranches (Denis *et al.*, 2011). Des bactériophages ont été également évalués sur diverses denrées prêtes à être consommées (Guenther *et al.*, 2009). L'efficacité de phages anti-*Listeria* pour une décontamination de surfaces en acier inoxydable a également été montrée (Roy *et al.*, 1993). Hibma *et al.* (1997) ont constaté qu'un traitement basé sur les phages est aussi efficace que 130 ppm d'acide lactique pour éliminer un biofilm mature de *Listeria* sur des surfaces en acier inoxydable. L'utilisation combinée de bactériophages et d'un autre désinfectant réduirait le nombre de *Listeria* dans le biofilm d'environ 100 fois. Une étude récente a montré que les phages sont efficaces dans l'élimination des cellules bactériennes au stade précoce de la formation de biofilms (Sillankorva *et al.*, 2008).

Des préparations phagiques anti *E. coli* O157:H7 ont été testées dans divers produits alimentaires. O'Flynn *et al.* (2004) et Abuladze *et al.* (2008) ont été en mesure de réduire considérablement le nombre d'*E. coli* O157:H7 artificiellement inoculés, soit en surface de pièces bovines, soit dans la masse sur une matrice de type viande hachée. De même, des réductions significatives ont été observées dans de la laitue iceberg prédécoupée (Sharma *et al.*, 2009) et dans des tomates, épinards et brocolis (Abuladze *et al.*, 2008).

Bigwood *et al.* (2008) ont, quant à eux, testé l'utilisation des bactériophages contre *S.* Typhimurium et *Campylobacter jejuni* dans de la viande crue ou cuite à différentes températures. La réduction la plus importante du nombre de *Salmonella* a été obtenue lorsque la densité de la population de bactéries cibles et la multiplicité d'infection étaient élevées. La température d'incubation s'est également avérée importante, avec des réductions plus importantes à plus haute température (~ 24 °C). La réduction du nombre des agents pathogènes après le traitement phagique pourrait être maintenue pendant un délai maximum de 8 jours lorsque les échantillons de viande sont conservés à 5 °C. Goode *et al.* (2003) ont obtenu des réductions de 95 % de la population en *Campylobacter* à la surface de la peau de poulet et une réduction de la population en *Salmonella* Enteritidis comprise entre 1,8 et 2,7 log, selon le phage utilisé. L'incorporation de phages au levain lactique dans du cheddar artificiellement contaminé avec *S.* Enteritidis conduit à l'absence de Salmonelles durant plusieurs mois de conservation alors que des taux importants sont observés dans les échantillons non traités (Modi *et al.*, 2001).

Réglementation

Depuis 2006, plusieurs cocktails de bactériophages, reconnus comme aptes au statut GRAS garantissant l'innocuité vis-à-vis du consommateur, ont été autorisés par la FDA aux États-Unis dans le but de lutter contre *L. monocytogenes* dans les industries alimentaires. C'est le cas, par exemple, des préparations phagiques ListShield™ développées par Intralytix (Baltimore, États-Unis) et du LISTEX P100™ commercialisé par Micreos Food Safety (Wageningen, Pays-Bas). L'Agence de Protection Environnementale (EPA) des États-Unis a approuvé l'utilisation de ListShield™ pour des applications sur les équipements agro-alimentaires, ainsi que pour les aliments prêts à être consommés. Ces préparations phagiques peuvent être pulvérisées sur les équipements (lutte contre les biofilms) et les produits alimentaires, tels les salades, le fromage, les viandes et volailles, les produits à base de viande et les poissons.

Au niveau européen, un avis de l'EFSA a confirmé en 2009 que dans des conditions spécifiques, l'utilisation des bactériophages est un moyen de lutte contre les contaminations bactériennes dans l'alimentation (EFSA, 2009). Cependant, en se basant sur les données actuellement disponibles dans la littérature scientifique, les membres du jury BIOHAZ recommandent d'évaluer la persistance des bactériophages dans des produits alimentaires et leur efficacité en cas de re-contamination de l'aliment.

▸▸ Références bibliographiques

ABULADZE T., LI M., MENETREZ M.Y., DEAN T., SENECAL A., SULAKVELIDZE A., 2008. Bacteriophages reduce experimental contamination of hard surfaces, tomato, spinach, broccoli, and ground beef by *Escherichia coli* O157:H7. *Appl. Environ. Microbiol.*, 74, 6230-6238.

ADESOKAN I.A., EKANOLA Y.A., OKANLAWON B.M., 2010. Influence of cultural conditions on hydrogen peroxide production by lactic acid bacteria isolated from some Nigerian traditional fermented foods. *African Journal of Microbiology Research*, 4, 1991-1996.

AHMAD N., MARTH E.H., 1989. Behaviour of *Listeria monocytogenes* at 7, 13, 21 and 35 degree in tryptose broth acidified with acetic, citric or lactic acid. *J. Food Prot.*, 52, 688-695.

ALAKOMI H.L., SKYTTA E., SAARELA M., MATTILA-SANDHOLM T., LATVA-KALA K., HELANDER I.M., 2000. Lactic acid permeabilizes Gram-negative bacteria by disrupting the outer membrane. *Appl. Environ. Microbiol.*, 66, 2001-2005.

AMMOR S., DUFOUR E., ZAGOREC M., CHAILLOU S., CHEVALLIER I., 2005. Characterization and selection of *Lactobacillus sakei* strains isolated from traditional dry sausage for their potential use as starter cultures. *Food Microbiol.*, 22, 529-538.

ANDERS R.F., HOGG D.M., JAGO G.R., 1970. Formation of hydrogen peroxide by group N Streptococci and its effect on their growth and metabolism. *Appl. Microbiol.*, 19, 608-612.

ATASSI F., SERVIN A.L., 2010. Individual and co-operative roles of lactic acid and hydrogen peroxide in the killing activity of enteric strain *Lactobacillus johnsonii* NCC933 and vaginal strain *Lactobacillus gasseri* KS120.1 against enteric, uropathogenic and vaginosis-associated pathogens. *FEMS Microbiol. Lett.*, 304, 29-38.

AXELSSON L., 1990. *Lactobacillus reuteri*, a member of the gut bacterial flora. PhD thesis. Swedish University of Agricultural Sciences, Uppsala, Sweden.

BARNARD J.P., STINSON M.W., 1999. Influence of Environmental Conditions on Hydrogen Peroxide Formation by *Streptococcus gordonii*. *Infect. Immun.*, 67, 6558-6564.

BARRETT N.E., GRANDISON A.S., LEWIS M.J., 1999. Contribution of the lactoperoxidase system to the keeping quality of pasteurized milk. *J. Dairy Res.*, 66, 73-80.

BAUER R., DICKS L.M., 2005. Mode of action of lipid II-targeting lantibiotics. *Int. J. Food Microbiol.*, 101, 201-216.

BEAUFORT A., RUDELLE S., GNANOU-BESSE N., TOQUIN M.T., KEROUANTON A., BERGIS H., SALVAT G., CORNU M., 2007. Prevalence and growth of *Listeria monocytogenes* in naturally contaminated cold-smoked salmon. *Lett. Appl. Microbiol.*, 44, 406-411.

BIGWOOD T., HUDSON J.A., BILLINGTON C., CAREY-SMITH G.V., HEINEMANN, J.A., 2008. Phage inactivation of foodborne pathogens on cooked and raw meat. *Food Microbiol.*, 25, 400-406.

BOULARES M., MANKAI M., HASSOUNA M., 2011. Effect of activating lactoperoxidase system in cheese milk on the quality of Saint-Paulin cheese. *Int. J. Dairy Techn.*, 64, 75-83.

BRUL S., COOTE P., 1999. Preservative agents in foods - Mode of action and microbial resistance mechanisms. *Int. J. Food Microbiol.*, 50, 1-17.

BUCHANAN R.L., BAGI L.K., 1997 Microbial competition: effect of culture conditions on the suppression of *Listeria monocytogenes* Scott A by *Carnobacterium piscicola*. *J. Food Prot.*, 60, 254-261.

BUCHANAN R.L., WHITING R.C., DAMERT W.C., 1997. When is simple good enough: a comparison of the Gompertz, Baranyi, and three-phase linear models for fitting bacterial growth curves. *Food Microbiol.*, 14, 313-326.

CARLIN F., NGUYEN THE C., MORRIS C.E., 1996 Influence of background microflora on *Listeria monocytogenes* on minimally processed fresh broad-leaved endive (*Cichorium endivia* var. *latifolia*). *J. Food Prot.*, 59, 698-703.

CARLTON R.M., NOORDMAN W.H., BISWAS B., DE MEESTER E.D., LOESSNER M.J., 2005. Bacteriophages P for control of *Listeria monocytogenes* in foods: genome sequence, bioinformatics analyses, oral toxicity, and application. *Regul. Toxicol. Pharmacol.*, 43, 301-312.

CASALTA E., VASSAL Y., DESMAZEAUD M.J., CASABIANCA F., 1995. Comparison of the acidifying activity of *Lactococcus lactis* isolated from corsican goat milk and cheese. *Food Science and Technology*, 28, 291-299.

CASTILLEJO-RODRÍGUEZ A.M., GIMENO R.M.G., COSANO G.Z., ALCALÁ E.B., PÉREZ M.R.R., 2002. Assessment of mathematical models for predicting *Staphylococcus aureus* growth in cooked meat products. *J. Food Prot.*, 65, 659-665.

CHEN W.M., LIN C.Y., CHEN C.A., WANG J.T., SHEU S.Y., 2010. Involvement of an L-amino acid oxidase in the activity of the marine bacterium *Pseudoalteromonas flavipulchra* against methicillin-resistant *Staphylococcus aureus*. *Enzyme and Microbial Technology*, 47, 52-58.

CLARKE C.I., SCHOBER T.J., ARENDT E.K., 2002. Effect of single strain and traditional mixed strain starter cultures on rheological properties of wheat dough and on bread quality. *Cereal Chemistry*, 79, 640–647.

COLEMAN M.E., SANBERG S., ANDERSON S.A., 2003. Impact of microbial ecology of meat and poultry products on predictions from exposure assessment scenarios for refrigerated storage. *Risk Analysis*, 23, 215-228.

COTTER P.D., HILL C., 2003. Surviving the acid test: responses of Gram+ bacteria to low pH. *Microbiol. Mol. Biol. Rev.*, 67, 429-453.

DALET K., CENATIEMPO Y., COSSART P., HECHARD Y., 2001. A sigma 54-dependent PTS permease of the mannose family is responsible for sensitivity of *Listeria monocytogenes* to mesentericin Y 105. *Microbiology*, 147, 3263-3269.

DALGAARD P., JORGENSEN L.V., 1998. Predicted and observed growth of *Listeria monocytogene* in seafood challenge tests and in naturally contaminated cold-smoked salmon. *Int. J. Food Microbiol.*, 40, 105-115.

DELBES-PAUS C., DORCHIES G., CHAABNA Z., CALLON C., MONTEL M.C., 2010. Contribution of hydrogen peroxide to the inhibition of *Staphylococcus aureus* by *Lactococcus garvieae* in interaction with raw milk microbial community. *Food Microbiol.*, 27, 924-932.

DENIS C., LEMONNIER S., CADOT P., 2011. Application de bactériophages pour le contrôle de *Listeria monocytogenes* dans le saumon fumé. Colloque de la Société Française de Microbiologie « Ecosystèmes microbiens et bioprotection des aliments » 17,18 Novembre, Nantes, France.

DEVLIEGHERE F., GEERAERD A.H., VERSYCK K.J., VANDEWAETERE B., VAN IMPE J., DEBEVERE J., 2001. Growth of *Listeria monocytogenes* in modified atmosphere packed cooked meat products: a predictive model. *Food Microbiol.*, 18, 53-66.

D'HÉRELLE F., 1917. Sur un microbe invisible antagoniste des bacilles dysentériques. *Comptes Rendus de l'Académie des Sciences*, 165, 373-375.

DRIDER D., FIMLAND G., HÉCHARD Y., McMULLEN L.M., PRÉVOST H., 2006. The continuing story of class IIa bacteriocins. *Microbiol. Mol. Biol. Rev.*, 70, 564-582.

DORTU C., THONART P., 2009. Les bactériocines des bactéries lactiques : caractéristiques et intérêt pour la bioconservation des produits alimentaires. *Biotechnologie, Agronomie, Société et Environnement*, 13, 143-154.

DUFFES F., CORRE C., LEROI F., DOUSSET X., BOYAVAL P., 1999a. Inhibition of *Listeria monocytogenes* by *in situ* produced and semipurified bacteriocins of *Carnobacterium* spp. on vacuum-packed, refrigerated cold-smoked salmon. *J. Food Prot.*, 62, 1394-403.

DUFFES F., LEROI F., BOYAVAL P., DOUSSET X., 1999b. Inhibition of *Listeria monocytogenes* by *Carnobacterium* spp. strains in a simulated cold smoked fish system stored at 4 degrees C. *Int. J. Food Microbiol.*, 47, 33-42.

DYKES G.A., MOORHEAD S.M., 2002. Combined antimicrobial effect of nisin and a listeriophage against *Listeria monocytogenes* in broth but not in buffer or on raw beef. *Int. J. Food Microbiol.*, 73, 71-81.

EFSA, 2008. Scientific opinion of the panel on biological hazards on a request from the European Commission for updating the former SCVPH opinion on *Listeria monocytogenes* risk related to ready-to-eat foods and scientific advice on different levels of *Listeria monocytogenes* in ready-to eat foods and the related risk for human illness. *EFSA J.*, 599, 1-42.

EFSA, 2009. Scientific opinion. The use and mode of action of bacteriophages in food production & Scientific opinion of the panel on biological hazards (Question No EFSA-Q-2008-400). Endorsed by the BIOHAZ panel for public consultation. *EFSA J.*, 1076, 1-26.

EKLUND T., 1989. Organic acids and esters, *In : Mechanisms of action of food preservation procedures* (Gould G.W., ed.), Elsevier, New York, pp. 161-200.

ESPÈCHE M.C., OTERO M.C., SESMA F., NADER-MACLAS M.F., 2009. Screening of surface properties and antagonistic substances production by lactic acid bacteria isolated from the mammary gland of healthy and mastitic cows. Vet. *Microbiol.*, 135, 346–357.

FAO-WHO, 2004. Risk assessment of *Listeria monocytogenes* in ready-to-eat foods. *Microbial risk assessment series* n°5.

FREESE E., SHEU C.W., GALLIERS E., 1973. Function of lipophilic acids as antimicrobial food additives. *Nature*, 241, 321-325.

GEYSEN S., ESCALONA V.H., VERLINDEN B.E., AERTSEN A., GEERAERD A.H., MICHIELS C.W., VAN IMPE J.F., NICOLAI B.M., 2006. Validation of predictive growth models describing superatmospheric oxygen effects on *Pseudomonas fluorescens* and *Listeria innocua* on fresh-cut lettuce. *Int. J. Food Microbiol.*, 111, 48-58.

GHALFI H., THONART P., BENKERROUM N., 2006. Inhibitory activity of *Lactobacillus curvatus* CWBI-B28 against *Listeria monocytogenes* and ST2-verotoxin producing *Escherichia coli* O157. *African Journal of Biotechnology*, 5, 2303-2306.

GIANOTTI A., VANNINI L., GOBBETTI M., CORSETTI A., GARDINI F., GUERZONI M., 1997. Modeling of the activity of selected starters during sourdough fermentation. *Food Microbiol.*, 14, 327-337.

GILLILAND S.E., SPECK M.L., 1969. Biological response of lactic streptococci and lactobacilli to catalase. *Appl. Microbiol.*, 17, 797-800.

GIMENEZ B., DALGAARD P., 2004. Modelling and predicting the simultaneous growth of *Listeria monocytogenes* and spoilage micro-organisms in coldsmoked salmon. *J. Appl. Microbiol.*, 96, 96-109.

GIUFFRIDA A., VALENTI D., ZIINO G., SPAGNOLO B., PANEBIANCO A., 2009. A stochastic interspecific competition model to predict the behaviour of *Listeria monocytogenes* in the fermentation process of a traditional Sicilian salami. *European Food Research and Technology*, 228, 767-775.

GNANOU-BESSE N., AUDINET N., BARRE L., CAUQUIL A., CORNU M., COLIN P., 2006. Effect of the inoculum size on *Listeria monocytogenes* growth in structured media. *Int. J. Food Microbiol.*, 110, 43-51.

GOBBETTI M., SIMONETTI M.S., CORSETTI A., SANTINELLI F., ROSSI J., DAMIANI P., 1995. Volatile compound and organic acid production by mixed wheat sourdough starters; influence of fermentation parameters and dynamics during baking. *Food Microbiol.*, 12, 497-507.

GOODE D., ALLEN V.M., BARROW P.A., 2003. Reduction of experimental *Salmonella* and *Campylobacter* contamination of chicken skin by application of lytic phages. *Appl. Environ. Microbiol.*, 69, 5032-5036.

GOODRIDGE L.D., 2010. Application of bacteriophages to control pathogens in food animal production, *In : Bacteriophages in the control of food-and waterborne pathogens* (Sabour P.M., Griffiths M.W., eds), ASM PRESS, Washington, DC, pp. 61-77.

GRAU F.H., VANDERLINDE P.B., 1992. Occurrence, numbers and growth of *Listeria monocytogenes* on some vacuum-packaged processed meats. *J. Food Prot.*, 55, 4-7.

GREENACRE E.J., LUCCHINI S., HINTON J.C.D., BROCKLEHURST T.F., 2006. The lactic acid-induced acid tolerance response in *Salmonella enterica* serovar typhimurium induces sensitivity to hydrogen peroxide. *Appl. Environ. Microbiol.*, 72, 5623-5625.

GREER G., 1986. Homologous bacteriophage control of *Pseudomonas* growth and beef spoilage. *J. Food Prot.*, 49, 104-109.

GREER G., DILTS B.D., 2002. Control of *Brochothrix thermosphacta* spoilage of pork adipose tissue using bacteriophage growth and beef. *J. Food Prot.*, 65, 861-863.

GROSS E., MORELL J.L., 1971. The structure of nisin. *J. Am. Chem. Soc.*, 93, 4634-4635.

GUENTHER S., HUWYLER D., RICHARD S., LOESSNER M.J., 2009. Virulent bacteriophage for efficient biocontrol of *Listeria monocytogenes* in ready-to-eat foods. *Appl. Environ. Microbiol.*, 75, 93-100.

GUILLIER L., STAHL V., HEZARD B., NOTZ E., BRIANDET R., 2008. Modeling the competitive growth between *Listeria monocytogenes* and biofilm microflora of smear cheese wooden shelves. *Int. J. Food Microbiol.*, 128, 51-57.

GUYER S., JEMMI T., 1991. Behavior of *Listeria monocytogenes* during fabrication and storage of experimentally contaminated smoked salmon. *Appl. Environ. Microbiol.*, 57, 1523-1527.

HAGENS S., LOESSNER M.J., 2007. Application of bacteriophages for detection and control of food-borne pathogens. *Appl. Microbiol. Biotechnol.*, 76, 413-519.

HAGENS S., OFFERHAUS M.L., 2008. Bacteriophages, new weapons for food safety. *Food Technology*, 62, 46-54.

HEIR E., HOLCK A.L., OMER M.K., ALVSEIKE O., HØY M., MÅGE I., AXELSSON L., 2010. Reduction of verotoxigenic *Escherichia coli* by process and recipe optimisation in dry fermented sausages. *Int. J. Food Microbiol.*, 141, 195-202.

HIBMA A.M., JASSIM S.A., GRIFFITHS M.W., 1997. Infection and removal of L-forms of *Listeria monocytogenes* with bred bacteriophage. *Int. J. Food Microbiol.*, 34, 197-207.

HIERSCH A., GRINSTED E., CHAPMAN H.R., MATTRIK A., 1951. A note on inhibition of an anerobic spore former in swiss-type cheese by a nisin-producing streptococci. *J. Dairy Res.*, 21, 290-293.

HOLCK A.L., AXELSSON L., RODE T.M., HØY M., MÅGE I., ALVSEIKE O., L'ABÉE-LUND T.M., OMER M.K., GRANUM P.E., HEIR E., 2011. Reduction of verotoxigenic *Escherichia coli* in production of fermented sausages. *Meat Sci.*, 89, 286-295.

HUDSON J.A., BILLINGTON C., CAREY-SMITH G., GREENING G., 2005. Bacteriophages as biocontrol agents in food. *J. Food Prot.*, 68, 426-437.

HUDSON J.A., McINTYRE L., BILLINGTON C., 2010. Application of bacteriophages to control pathogenic and spoilage bacteria in food processing and distribution, *In: Bacteriophages in the control of food-and waterborne pathogens* (Sabour P.M., Griffiths M.W., eds), ASM press, Washington, DC, pp. 119-135.

HUNTER D.R., SEGEL I.H., 1973. Effect of weak acids on amino acid transport by *Penicillium chrysogenum*: evidence for a proton or charge gradient as the driving force. *J. Bacteriol.*, 113, 1184-1192.

HWANG C.A., PORTO-FETT A.C.S., JUNEJA V.K., INGHAM S.C., INGHAM B.H., LUCHANSKY J.B., 2009. Modeling the survival of *Escherichia coli* O157:H7, *Listeria monocytogenes,* and *Salmonella Typhimurium* during fermentation, drying, and storage of soudjouk-style fermented sausage. *Int. J. Food Microbiol.*, 129, 244-252.

HWANHLEM N., BURADALENG S., WATTANACHANT S., BENJAKUL S., TANI A., MANEERAT S., 2011. Isolation and screening of lactic acid bacteria from Thai traditional fermented fish (*Plasom*) and production of *Plasom* from selected strains. *Food Control*, 22, 401-407.

IMLAY J.A., 2003. Pathways of oxidative damage. *Annu. Rev. Microbiol.*, 57, 395-418.

IRLINGER F., MOUNIER J., 2009. Microbial interactions in cheese: implications for cheese quality and safety. *Curr. Opin. Biotechnol.*, 20,142-148.

ITO A., SATO Y., KUDO S., SATO S., NAKAJIMA H., TOBA T., 2003. The screening of hydrogen peroxide-producing lactic acid bacteria and their application to inactivating psychrotrophic foodborne pathogens. *Curr. Microbiol.*, 47, 231-236.

JAMESON J., 1962. A discussion of the dynamics of Salmonella enrichment. *J. Hyg.*, 60, 193-207.

JOERGER R.D., 2007. Antimicrobial films for food applications a quantitative analysis of their effectiveness. *Packaging Technology and Science*, 20, 231-273.

KOMITOPOULOU E., BAINTON N.J., ADAMS M.R., 2004. Premature *Salmonella typhimurium* growth inhibition in competition with other Gram-negative organisms is redox potential regulated *via* RpoS induction. *J. Appl. Microbiol.*, 97, 964-972.

KOSTINEK M., SPECHT I., EDWARD V.A., PINTO C., EGOUNLETY M., SOSSA C., MBUGUA S., DORTU C., THONART P., TALJAARD L., MENGU M., FRANZ C.M.A.P., Holzapfel W.H., 2007. Characterisation and biochemical properties of predominant lactic acid bacteria from fermenting cassava for selection as starter cultures. *Int. J. Food Microbiol.*, 114, 342-351.

KOT E., FURMANOV S., BEZKOROVAINY A., 1996. Hydrogen peroxide production and oxidation of ferrous iron by *Lactobacillus delbrueckii* subsp. *bulgaricus. J. Dairy Sci.*, 79, 758-766.

LABAS M.D., ZALAZAR C.S., BRANDI R.J., CASSANO A.E., 2008. Reaction kinetics of bacteria disinfection employing hydrogen peroxide. *Biochemical Engineering Journal*, 38, 78-87.

LAKSHMANAN R., DALGAARD P., 2004. Effects of high-pressure processing on *Listeria monocytogenes*, spoilage microflora and multiple compound quality indices in chilled cold-smoked salmon. *J. Appl. Microbiol.*, 96, 398-408.

LEMOINE D., 2007. Biopréservation, une alternative au tout chimique. *La Revue de l'Industrie Agroalimentaire*, 684, 72-73.

LEVERENTZ B., CONWAY W.S., CAMP M. J., JANISIEWICZ W. J., ABULADZE T., YANG M., SAFTNER R., SULAKVELIDZE A., 2003. Biocontrol of *Listeria monocytogenes* on fresh-cut produce by treatment with lytic acid bacteriophages and a bacteriocin. *Appl. Environ. Microbiol.*, 69, 4519-4526.

LEVERENTZ B., CONWAY W.S., JANISIEWICZ W., CAMP M.J., 2004. Optimizing concentration and timing of a phage spray application to reduce *Listeria monocytogenes* on honeydew melon tissue. *J. Food Prot.*, 67, 1682-1686.

LINDQVIST R., LINDBLAD M., 2009. Inactivation of *Escherichia coli, Listeria monocytogenes* and *Yersinia enterocolitica* in fermented sausages during maturation/storage. *Int. J. Food Microbiol.*, 129, 59-67.

LIU F., GUO Y.Z., LI Y.F., 2006. Interactions of microorganisms during natural spoilage of pork at 5 °C. *Journal of Food Engineering*, 72, 24-29.

LIU B., SCHAFFNER D.W., 2007. Quantitative analysis of the growth of *Salmonella* Stanley during alfalfa sprouting and evaluation of *Enterobacter aerogenes* as its surrogate. *J. Food Prot.*, 70, 316-322.

MACARISIN D., DROBY S., BAUCHAN G., WISNIEWSKI M., 2010. Superoxide anion and hydrogen peroxide in the yeast antagonist-fruit interaction: A new role for reactive oxygen species in postharvest biocontrol? *Postharvest Biology and Technology*, 58, 194-202.

MAKRAS L., DE VUYST L., 2006. 4th NIZO Dairy Conference - Prospects for Health, Well-being and Safety. The *in vitro* inhibition of Gram-negative pathogenic bacteria by bifidobacteria is caused by the production of organic acids. *Int. Dairy J.*, 16, 1049-1057.

MARTY-TEYSSET C., DE LA TORRE F., GAREL J.R., 2000. Increased production of hydrogen peroxide by *Lactobacillus delbrueckii* subsp. *bulgaricus* upon aeration: Involvement of an NADH oxidase in oxidative stress. *Appl. Environ. Microbiol.*, 66, 262-267.

MATARAGAS M., ZWIETERING M.H., SKANDAMIS P.N., DROSINOS E.H., 2010. Quantitative microbiological risk assessment as a tool to obtain useful information for risk managers - Specific application to *Listeria monocytogenes* and ready-to-eat meat products. *Int. J. Food Microbiol.*, 141, S170-S179.

MEJLHOLM O., DALGAARD P., 2007. Modeling and predicting the growth of lactic acid bacteria in lightly preserved seafood and their inhibiting effect on *Listeria monocytogenes. J. Food Prot.*, 70, 2485-2497.

MELLEFONT L.A., MCMEEKIN T.A., ROSS T., 2008. Effect of relative inoculum concentration on *Listeria monocytogenes* growth in co-culture. *Int. J. Food Microbiol.*, 121, 157-168.

MILED R.B., NEVES S., BAUDOUIN N., LOMBARD B., DEPERROIS V., COLIN P., GNANOU BESSE N., 2010. Impact of pooling powdered infant formula samples on bacterial evolution and Cronobacter detection. *Int. J. Food Microbiol.*, 138, 250-259.

MIYOSHI A., ROCHAT T., GRATADOUX J.-J., LE LOIR Y., COSTA OLIVEIRA S., LANGELLA P., AZEVEDO V., 2003. Oxidative stress in *Lactococcus lactis. Genetic and Molecular Research*, 2, 348-359.

MODI R., HIRVI Y., HILL A., GRIFFITHS M.W., 2001. Effect of phage on survival of *Salmonella enteritidis* during manufacture and storage of cheddar cheese made from raw and pasteurizated milk. *J. Food Prot.*, 64, 927-933.

MONTET M.P., CHRISTIEANS S., THEVENOT D., COPPET V., GANET S., DELIGNETTE MULLER M.L., DUNIÈRE L., MISZCZYCHA S., VERNOZY-ROZAND C., 2008. Fate of acid resistant and non-acid resistant Shiga toxin-producing *Escherichia coli* strains in experimentally contaminated French fermented raw meat sausages. *Int. J. Food Microbiol.*, 129, 264-270.

MOUNIER J., MONNET C., VALLAEYS T., ARDITI R., SARTHOU A.S., HELIAS A., IRLINGER F., 2008. Microbial interactions within a cheese microbial community. *Appl. Environ. Microbiol.*, 74, 172-181.

MOY T.I., MYLONAKIS E., CALDERWOOD S.B., AUSUBEL F.M., 2004. Cytotoxicity of hydrogen peroxide produced by *Enterococcus faecium. Infect. Immun.*, 72, 4512-4520.

MUFANDAEDZA J., VILJOEN B.C., FERESU S.B., GADAGA T.H., 2006. Antimicrobial properties of lactic acid bacteria and yeast-LAB cultures isolated from traditional fermented milk against pathogenic *Escherichia coli* and *Salmonella enteritidis* strains. *Int. J. Food Microbiol.*, 108, 147-52.

NAIM F., ZAREIFARD M.R., ZHU S., HUIZING R.H., GRABOWSKI S., MARCOTTE M., 2008. Combined effects of heat, nisin and acidification on the inactivation of *Clostridium sporogenes* spores in carrot-alginate particles: From kinetics to process validation. *Food Microbiol.*, 25, 936-941.

NILSSON L., HANSEN T.B., GARRIDO P., BUCHRIESER C., GLASER P., KNOCHEL S., GRAM L., GRAVESEN A., 2005. Growth inhibition of *Listeria monocytogenes* by a non bacteriogenic *Carnobacterium piscicola. J. Appl. Microbiol.*, 98, 172-183.

NUNEZ M., BERMEJO M.P., BAUTISTA L., DEPAZ M., 1993. The behavior of *Enterobacteriaceae* in manchego cheese made from raw ewes milk treated with hydrogen-peroxide, potassium-nitrate or potassium nitrite. *Lett. Appl. Microbiol.*, 16, 84-86.

O'FLYNN G., ROSS R.P., FITZGERALD G.F., COFFEY A., 2004. Evaluation of a cocktail of three bacteriophages for biocontrol of *Escherichia coli* O157:H7. *Appl. Environ. Microbiol.*, 70, 3417-3424.

OCAÑA V.S., HOLGADO A.A.P.D., NADER-MACIAS M.E., 1999. Growth inhibition of *Staphylococcus aureus* by H_2O_2-producing *Lactobacillus paracasei* subsp. *paracasei* isolated from the human vagina. *FEMS Immunol. Med. Microbiol.*, 23, 87-92.

OSCAR T.P., 2006. Validation of a tertiary model for predicting variation of *Salmonella typhimurium* DT104 (ATCC 700408) growth from a low initial density on ground chicken breast meat with a competitive microflora. *J. Food Prot.*, 69, 2048-2057.

OTERO M.C., NADER-MACIAS M.E., 2006. Inhibition of *Staphylococcus aureus* by H_2O_2-producing *Lactobacillus gasseri* isolated from the vaginal tract of cattle. *Anim. Reprod. Sci.*, 96, 35-46.

PASTERIS S.E., GUIDOLI M.G., OTERO M.C., BUHLER M.I., NADER-MACIAS M.E., 2011. *In vitro* inhibition of *Citrobacter freundii*, a red-leg syndrome associated pathogen in raniculture, by indigenous *Lactococcus lactis* CRL 1584. *Vet. Microbiol.*, 151, 336-344.

PATTON G.C., VAN DER DONK W.A., 2005. New developments in lantibiotic biosynthesis and mode of action. *Curr. Opin. Microbiol.*, 8, 543-551.

PIARD J.C., DESMAZEAUD M., 1991. Inhibiting factors produced by lactic acid bacteria. 1. Oxygen metabolites and catabolism end-products. *Le Lait*, 71, 525-541.

POWELL M., SCHLOSSER W., EBEL E., 2004. Considering the complexity of microbial community dynamics in food safety risk assessment. *Int. J. Food Microbiol.*, 90, 171-179.

PRIDMORE R.D., PITTET A.-C., PRAPLAN F., CAVADINI C., 2008. Hydrogen peroxide production by *Lactobacillus johnsonii* NCC 533 and its role in anti-*Salmonella* activity. *FEMS Microbiol. Lett.*, 283, 210-215.

RAFFELLINI S., GUERRERO S., MARIS ALZAMORA S., 2008. Effect of hydrogen peroxide concentration and pH on inactivation kinetics of *Escherichia coli*. *Journal of Food Safety*, 28, 514–533.

RAFFELLINI S., SCHENK M., GUERRERO S., MARIS ALZAMORA S., 2011. Kinetics of *Escherichia coli* inactivation employing hydrogen peroxide at varying temperatures, pH and concentrations. *Food Control*, 22, 920-932.

REPINE J.E., FOX R.B., BERGER E.M., 1981. Hydrogen peroxide kills *Staphylococcus aureus* by reacting with staphylococcal iron to form hydroxyl radical. *J. Biol. Chem.*, 256, 7094-7096.

RODGERS S., 2001. Preserving non-fermented refrigerated foods with microbial cultures- a review. *Trends in Food Science and Technology*, 12, 276-284.

ROGERS L.A., 1928. The inhibitory effect of *Steptoccocus lactis* on *lactobacillus bulgaricus*. *J. Bacteriol.*, 16, 211-229.

RODRIGUEZ J.M., MARTINEZ M.I., KOK J., 2002. Pediocin PA-1, a wide-spectrum bacteriocin from lactic acid bacteria. *Crit. Rev. Food Sci. Nutr.*, 42, 91-121.

ROSS T., DALGAARD P., TIENUNGOON S., 2000. Predictive modelling of the growth and survival of *Listeria* in fishery products. *Int. J. Food Microbiol.*, 62, 231-45.

ROSS T., RASMUSSEN S., FAZIL A., PAOLI G., SUMNER J., 2009. Quantitative risk assessment of *Listeria monocytogenes* in ready-to-eat meats in Australia. *Int. J. Food Microbiol.*, 131, 128-137.

RØSSLAND E., LANGSRUD T., GRANUM P.E., SØRHAUG T., 2005. Production of antimicrobial metabolites by strains of *Lactobacillus* or *Lactococcus* co-cultured with *Bacillus cereus* in milk. *Int. J. Food Microbiol.*, 98, 193-200.

ROY B., ACKERMAN H.W., PANDIAN S., PICARD G., GOULET J., 1993. Biological inactivation of adhering *Listeria monocytogenes* by listeriaphages and a quaternary ammonium coumpound. *Appl. Environ. Microbiol.*, 59, 2914-2917.

SAITHONG P., PANTHAVEE W., BOONYARATANAKORNKIT M., SIKKHAMONDHOL C., 2010. Use of a starter culture of lactic acid bacteria in plaa-som, a Thai fermented fish. *J. Biosci. Bioeng.*, 110, 553-557.

SAPERS G.M., SIMMONS G.F., 1998. Hydrogen peroxide disinfection of minimally processed fruits and vegetables. *Food Technology*, 52, 48-52.

SCHNÜRER J., MAGNUSSON J., 2005. 2nd International Symposium on sourdough - From fundamentals to applications, antifungal lactic acid bacteria as biopreservatives. *Trends in Food science and Technology*, 16, 70-78.

SEDEWITZ B., SCHLEIFER K.H., GÖTZ F., 1984. Purification and biochemical characterization of pyruvate oxidase from *Lactobacillus plantarum*. *J. Bacteriol.*, 160, 273-278.

SHARMA M., PATEL J.R., CONWAY W.S., FERGUSON S., SULAKBELIDZE A., 2009. Effectiveness of bacteriophages in reducing *Escherichia coli* O157:H7 on fresh-cut cantaloupes and lettuce. *J. Food Prot.*, 72, 1481-1485.

SILLANKORVA S., OLIVEIRA R., VIEIRA M.J., AZEREDO J., 2008. Real-time quantification of *Pseudomonas fluorescens* cell removal from glass surfaces due to bacteriophage varphiS1 application. *J. Appl. Microbiol.*, 105, 196-202.

ŞIMŞEK Ö., ÇON A.H., TULUMOĞLU Ş., 2006. Isolating lactic starter cultures with antimicrobial activity for sourdough processes. *Food Control*, 17, 263-270.

SONI K.A., NANNAPANENI R., 2010. Bacteriophage significantly reduces *Listeria monocytogenes* on raw salmon fillet tissue. *J. Food Prot.*, 73, 32-38.

STILES M.E., HOLZAPFEL W.H., 1997. Lactic acid bacteria of foods and their current taxonomy. *Int. J. Food Microbiol.*, 36, 1-29.

STRÖM K., SCHNURER J., MELIN P., 2005. Co-cultivation of antifungal *Lactobacillus plantarum* MiLAB 393 and *Aspergillus nidulans*, evaluation of effects on fungal growth and protein expression. *FEMS Microbiol. Lett.*, 246, 119-124.

SULAKVELIDZE A., ALAVIDZE Z., MORRIS J.G., 2001. Bacteriophage therapy. *Antimicrobial Agents and Chemotherapy*, 45, 649-659.

SVIRCEY A.M., CASTLE A.J., LEHMAN S.M., 2010. Bacteriophages for control of phytopathogens in food production systems, *In: bacteriophages in the control of food-and waterborne pathogens* (Sabour P.M., Griffiths M.W., eds), ASM press, Washington, DC, pp. 79-102.

THÉVENOT D., DELIGNETTE-MULLER M.L., CHRISTIEANS S., VERNOZY-ROZAND C., 2005. Fate of *Listeria monocytogenes* in experimentally contaminated French sausages. *Int. J. Food Microbiol.*, 101, 189-200.

TIGANITAS A., ZEAKI N., GOUNADAKI A.S., DROSINOS E.H., SKANDAMIS P.N., 2009. Study of the effect of lethal and sublethal pH and aw stresses on the inactivation or growth of *Listeria monocytogenes* and *Salmonella* Typhimurium. *Int. J. Food Microbiol.*, 134, 104-112.

TONG H., CHEN W., SHI W., QI F., DONG X., 2008. SO-LAAO, a novel L-amino acid oxidase that enables *Streptococcus oligofermentans* to outcompete *Streptococcus mutans* by generating H_2O_2 from peptone. *J. Bacteriol.*, 190, 4716-4721.

VALERO A., CARRASCO E., PEREZ-RODRIGUEZ F., GARCIA-GIMENO R.M., ZURERA G., 2007. Modeling the growth of *Listeria monocytogenes* in pasteurized white asparagus. *J. Food Prot.*, 70, 753-757.

VAN DER VEEN S., ABEE T. 2011, Bacterial SOS response: a food safety perspective. *Curr. Opin. Biotechnol.*, 22, 136-142.

VILLEGAS E., GILLILAND S.E., 1998. Hydrogen peroxide production by *Lactobacillus delbrueckii* subsp. *lactis* I at 5 °C. *J. Food Sci.*, 63, 1070-1074.

VIMONT A., VERNOZY-ROZAND C., MONTET M.P., LAZIZZERA C., BAVAI C., DELIGNETTE-MULLER M.L., 2006. Modeling and predicting the simultaneous growth of *Escherichia coli* O157:H7 and ground beef background microflora for various enrichment protocols. *Appl. Environ. Microbiol.*, 72, 261-268.

WOOLFORD M.K., 1984. The antimicrobial spectra of organic compounds with respect to their potential as hay preservatives. *Grass and Forage Science*, 39, 75-79.

Chapitre 3

Applications dans la filière des produits laitiers et fromagers

E. Jamet, F. Irlinger, C. Delbès-Paus,
M.-C. Montel, S. Fraud

▸▸ Les spécificités des produits de la filière

L'organisation de la filière

L'industrie laitière française est la deuxième industrie agro-alimentaire du pays en chiffre d'affaires (environ 26 milliards d'euros), avec une collecte annuelle avoisinant les 23 milliards de litres de lait en 2010. Cela représente environ 82 600 exploitants laitiers pour une production moyenne annuelle qui s'élève à 280 000 litres. Le lait de vache représente 96 % de cette production, les 4 % restant se partageant entre le lait de chèvre (500 000 litres) et le lait de brebis (250 000 litres).

Environ 75 % du lait collecté est transformé en produits laitiers, qui vont du lait de consommation aux crèmes desserts, en passant par le beurre et les fromages. Ces derniers représentent la majeure partie de la transformation laitière française avec 1,75 millions de tonnes de fromages produits annuellement (36 % de la collecte). Viennent ensuite les productions de beurre (21 %), de lait en poudre (13 %), de lait de consommation (11 %), de yaourts et d'autres produits frais (8 %).

La filière laitière est organisée autour de son interprofession (CNIEL, Centre national interprofessionnel de l'économie laitière) qui regroupe les trois familles du secteur, c'est-à-dire les producteurs de lait, les transformateurs et les coopératives laitières (http://www.cniel.com). L'objectif du CNIEL est d'organiser l'économie laitière française de manière cohérente et mutualiste, d'associer étroitement les professionnels aux décisions, tant politiques que scientifiques, et d'organiser une promotion collective des produits laitiers au sens large.

Spécificité des produits laitiers

Le lait est un produit biologique instable qui, en absence de traitement thermique (pasteurisation, traitement à haute température) ou physique (microfiltration), s'altère rapidement, même en conditions réfrigérées. C'est pourquoi la conservation des produits laitiers repose, depuis des millénaires, sur la fermentation du lait. Si la consommation de lait est apparue au néolithique (Chamba et Jamet, 2008), la fabrication des fromages est plus tardive. Réalisées de manière empirique, les fermentations non maîtrisées nuisaient à la qualité des fromages, longtemps considérés comme la nourriture des pauvres. La complexité et la diversité des fermentations du lait conduisent à une multitude de produits laitiers : lait fermenté, yaourt, crème fermentée, fromages frais et fromages affinés. La diversité des fromages résulte de la diversité des traitements du lait (cru, thermisé et pasteurisé), de la diversité des fermentations en relation avec la diversité des procédures technologiques de fabrication et d'affinage. Tous ces produits laitiers, lorsque la fermentation est réussie, sont par essence des produits biopréservés. Au XXIe siècle, cette biopréservation repose, d'une part, sur l'ensemencement de souches sélectionnées (souches acidifiantes, souches productrices de bactériocines), et d'autre part, sur le maintien de la biodiversité *in situ* dès la production du lait, pour faire barrière aux espèces pathogènes ou aux bactéries indésirables. En l'absence de traitement, la qualité microbiologique du lait revêt une importance capitale ; elle est de mieux en mieux maîtrisée par des bonnes pratiques de production associant des règles d'hygiène rigoureuse et le respect de la biodiversité d'intérêt (Michel *et al.*, 2001).

▸▸ Les flores pathogènes rencontrées dans les produits laitiers et fromagers

Espèces, souches et normes

Les principaux micro-organismes pathogènes rencontrés dans les produits laitiers et fromagers sont *Listeria monocytogenes*, les *Staphylococcus aureus* producteurs d'entérotoxines, *Salmonella* spp., et les *Escherichia coli* producteurs de shiga-toxines (STEC). *L. monocytogenes* est l'agent causal de la listériose, infection responsable du plus important taux de mortalité parmi les infections d'origine alimentaire (Kousta *et al.*, 2010). Les *E. coli* producteurs de shiga-toxines, en particulier les *E. coli* entéro-hémorragiques (EHEC), responsables de pathologies graves chez l'homme, comme le syndrome hémolytique et urémique (SHU), constituent un groupe de bactéries pathogènes alimentaires émergent. La dose infectieuse, variable en fonction des souches et de la sensibilité de l'individu, reste très faible, soit de 10 à 100 cellules (Kousta *et al.*, 2010). Les *Salmonella* non typhiques sont responsables de gastro-entérites d'origine alimentaire dont l'évolution est le plus souvent favorable si la résistance du sujet n'est pas amoindrie (Brisabois *et al.*, 1997 ; Colin, 2009). Le risque de *S. aureus* pour la santé humaine est associé à la production par certaines souches dans l'aliment d'entérotoxines, dont l'ingestion provoque une toxi-infection. Les symptômes sont généralement bénins et ne conduisent pas systématiquement les patients à consulter, ce qui entrainerait une sous-estimation de la fréquence des toxi-infections alimentaires à staphylocoques.

Parmi ces pathogènes, seuls *L. monocytogenes*, *S. aureus* et *Salmonella* spp. sont actuellement soumis à des normes réglementaires européennes dans les produits laitiers et fromagers (directives du « paquet hygiène » 2073/2005 modifié).

Ainsi, dans les fromages au lait cru, si les populations de *S. aureus* au cours du processus de fabrication dépassent le seuil de tolérance supérieur de 10^5 UFC/g, le lot de fromages doit faire l'objet d'une recherche des entérotoxines staphylococciques.

Concernant *L. monocytogenes*, comme dans toutes les denrées alimentaires prêtes à être consommées, autres que celles destinées aux nourrissons et à des fins médicales spéciales, et permettant le développement de *L. monocytogenes*, le critère est « absence dans 25 g », sauf si le fabricant peut apporter la preuve, à la satisfaction de l'autorité compétente, que le produit respectera la limite de 100 UFC/g pendant toute la durée de conservation.

Quant à *Salmonella*, dans les fromages, beurres et crèmes fabriqués à partir de lait cru ou de lait traité à une température inférieure à celle de la pasteurisation, le critère est « absence dans 25 g » pour les produits mis sur le marché pendant leur durée de conservation.

Malgré l'absence de critère microbiologique vis-à-vis des souches STEC pathogènes au sein du règlement européen, l'obligation de garantir le caractère sûr et sain de la denrée alimentaire inscrite au « paquet hygiène » incite les industriels à rechercher ce pathogène pour en garantir l'absence. Ceci implique de viser l'« absence dans 25 g » pour les souches de *E. coli* entéro-hémorragiques.

Prévalence dans les produits et épidémies associées

Selon le rapport de l'EFSA (2011), le taux de non-conformité microbiologique des fromages et autres produits laitiers prélevés dans le commerce reste globalement faible en Europe. En 2009, la consommation de produits laitiers a été associée à 5,1 % des épidémies de toxi-infections alimentaires recensées en Europe par l'EFSA (977 épidémies au total, dont 3,4 % dues aux fromages, 1,4 % à d'autres produits laitiers, et 0,4 % au lait).

S. aureus occupe le deuxième rang pour le nombre de foyers de toxi-infections alimentaires après *Salmonella*, et le premier rang pour ceux associés aux produits laitiers (Cretenet *et al.*, 2011). Sur 88 épidémies de toxi-infections alimentaires collectives (TIAC) attribuées aux entérotoxines staphylococciques en Europe en 2009, la majorité était associée à la consommation de produits laitiers (soit 21,6 % aux fromages, 3,4 % à d'autres produits laitiers, et 2,3 % au lait) (données EFSA, 2011). En 2007, un lot de mozzarella fabriqué en Allemagne, et en 2009, un lot de fromage au lait cru produit en Italie et un lot de fromage à pâte molle au lait non pasteurisé produit en France, ont été rappelés en raison de la présence d'entérotoxines staphylococciques (Ostyn *et al.*, 2010 ; données *Rapid Alert System for Food and Feed* (RASFF) ; https://webgate.ec.europa.eu/rasff-window/portal/). Dans le dernier cas, 23 personnes ayant consommé le fromage ont présenté des symptômes d'intoxication dus à la présence d'entérotoxine de type E, pour la première fois incriminée dans une TIAC en France (Ostyn *et al.*, 2010).

Entre 2006 et 2009, la proportion de fromages du commerce non conformes vis-à-vis du critère *L. monocytogenes* a varié de 0,1 à 1,1 % en moyenne en Europe. En 2009, aucun fromage à pâte pressée cuite n'a excédé la norme, tandis que 1,1 % des fromages à pâte molle – ou à pâte pressée non cuite – étaient non conformes.

Entre 2008 et 2010, 20 lots de fromages fabriqués en France ont fait l'objet d'un rappel et d'une notification auprès du RASFF, pour des niveaux de contamination par *L. monocytogenes* de moins de 10 UFC/g à 740 000 UFC/g. Parmi ces produits se trouvaient 11 fromages au lait cru, 1 fromage au lait pasteurisé et huit non spécifiés. Les produits incriminés se composaient de 9 fromages à pâte molle, d'une raclette, d'une pâte persillée, et d'un fromage de type mozzarella, 4 de ces fromages étant issus de lait de chèvre ou de brebis. Entre juin 2009 et février 2010, une épidémie de listériose associée à la consommation de fromage Quargel produit en Autriche, a conduit à l'hospitalisation de 40 personnes, dont 11 sont décédées.

Concernant les STEC, en 2009, sur près de 2 000 échantillons de lait cru provenant d'Allemagne, Hongrie, Italie et Slovaquie, 6,8 % des 88 échantillons de lait de ferme collectés en Allemagne étaient positifs pour les STEC, mais négatifs pour le sérotype O157:H7, et 0,4 % des 269 échantillons collectés en Slovaquie étaient positifs pour le sérotype O157:H7. En 2009, sur 18 épidémies ayant mis en cause des *E. coli* pathogènes, en France et en Roumanie, 4 étaient associées à la consommation de fromage et 1 à celle d'autres produits laitiers. Elles étaient majoritairement dues au sérotype O157:H7. Cependant, des souches de STEC de sérotype O26 ont été mises en cause dans deux cas de SHU associés à la consommation de lait cru de vache en Autriche (Allerberger *et al.*, 2003), une épidémie de SHU ayant été attribuée à une co-infection par des souches de sérotype O26:H11 et O80:H2 associée à la consommation de camembert au lait cru en France en 2005. En 2009, un lot de fromages au lait cru de chèvre produit en France a été retiré du marché après la détection de *E. coli* O103:H2 (données du RASFF). À l'exception de l'année 2005, où deux épidémies communautaires sont survenues, les données de surveillance montrent que depuis 1996 le SHU en France est majoritairement sporadique (King *et al.*, 2009).

Salmonella est détectée de manière très sporadique en Europe, dans des fromages à pâte molle ou à pâte pressée non cuite et dans des crèmes glacées (0,1 % en 2009). Le lait et les produits laitiers sont rarement responsables de cas de salmonellose. Entre janvier 2008 et août 2011, 5 lots de fromages fabriqués en France (camembert, brie, fromages de chèvre et de brebis, dont au moins 3 issus de lait cru) ont été rappelés, avec une notification auprès du RASFF en raison de la présence de *Salmonella*. L'un de ces lots de fromages au lait non pasteurisé de chèvre a causé 25 cas de salmonellose sans suites pathologiques graves, mettant en cause *Salmonella enterica* de sérotype Muenster, rare en Europe (Van Cauteren *et al.*, 2009).

Réservoirs et sources de contamination des laits et produits laitiers

Même si les procédés technologiques peuvent contribuer à la maîtrise des bactéries pathogènes ou indésirables, la biopréservation doit aussi s'appuyer sur une maîtrise des contaminations dès la production de lait et tout au long des procédés.

La contamination des laits et des fromages au lait cru par *S. aureus* résulte principalement des mammites sub-cliniques (infections inapparentes de la mamelle) qui affectent les animaux. Les entérotoxines staphylococciques résistent à la pasteurisation, mais la majeure partie des cellules de *S. aureus* est détruite par le procédé.

Cependant, les laits pasteurisés peuvent être contaminés par des souches d'origine humaine lors de manipulations post-pasteurisation.

En raison des caractères ubiquitaires et psychrotrophes de *L. monocytogenes*, les laits et produits laitiers peuvent être contaminés à toutes les étapes de leur production, de leur transformation, et de l'affinage pour ce qui concerne les fromages. Les principaux facteurs contribuant à la contamination des laits sont les fèces des ruminants secrétés suite à l'ingestion d'aliments contaminés, en particulier des ensilages de mauvaise qualité (Husu *et al.*, 1990), mais également une contamination des équipements *via* les eaux de lavage ou le personnel (Reij et Den Aantrekker, 2004). Lors de l'affinage, la croûte des fromages peut être inter-contaminée par la manipulation des fromages en cave.

L'intestin des animaux constituant le réservoir le plus important de *Salmonella* et de STEC (Anses, 2011 ; Brisabois *et al.*, 1997 ; Boudry *et al.*, 2002), les fèces des animaux constituent la principale source de contamination des laits. La contamination des produits pasteurisés résulte, quant à elle, de contaminations post-pasteurisation.

▶▶ Les principales flores d'altération rencontrées dans les produits laitiers et fromagers

L'altération des produits laitiers

L'altération des produits laitiers peut avoir différentes origines. Les plus connues sont d'ordre physique (chocs ou blessures sur les produits, changement d'état ou du taux d'humidité…), chimique (oxydation…), biochimique (enzyme du lait, destruction des vitamines ou des nutriments, changement de couleur…), et enfin d'ordre microbiologique avec la croissance et/ou la succession de micro-organismes d'altération responsables de fermentations ou de synthèses enzymatiques conduisant à l'apparition de défauts. Les principaux défauts observés sont :
– la modification de l'aspect et/ou de la texture du produit par modification des macromolécules, par production de gaz ou de molécules colorées ;
– l'altération des caractéristiques organoleptiques par production de molécules volatiles – ou non – qui modifient le goût et l'odeur ;
– la détérioration des conditions de conservation *via* la production de gaz (dans les produits pré-emballés) ;
– la diminution des propriétés nutritionnelles et/ou caloriques, conséquence, par exemple, de la consommation des substrats carbonés et azotés.

D'une manière globale, les principaux micro-organismes impliqués dans l'altération des produits laitiers (tableau 3.1) sont les bactéries à coloration de Gram négative, psychrotrophes et aérobies, les levures, les moisissures, les lactobacilles hétérofermentaires et les bactéries sporulées (Ledenbach et Marshall, 2010). Les bactéries psychrotrophes produisent généralement d'importantes quantités d'enzymes hydrolytiques extracellulaires, et la contamination initiale des laits ou la contamination au cours des traitements sont encore fréquentes. Les moisissures d'altération sont responsables de la production d'une multitude de composés métaboliques intermédiaires et finaux entraînant des modifications de couleur et de texture, mais également d'odeurs et de saveurs. Enfin, les autres micro-organismes, et en particulier certaines souches de lactobacilles hétérofermentaires et les bactéries sporulées à Gram positif, sont capables de générer de grandes quantités de gaz, qui sont responsables de nombreux défauts d'ouverture des fromages, le plus souvent associés à des défauts organoleptiques importants.

Tableau 3.1. Principales flores impliquées dans l'altération des différents produits laitiers, et leurs activités métaboliques.

Type de produits laitiers	Micro-organismes et activités métaboliques
Lait cru	Large diversité de micro-organismes
Lait pasteurisé ou thermisé	Bactéries psychrotrophes et sporulées ; dégradations enzymatiques bactériennes
Lait concentré	Bactéries sporulées et moisissures osmophiles
Lait en poudre	Dégradations enzymatiques bactériennes, spores
Beurre	Bactéries psychrotrophes ; dégradations enzymatiques bactériennes
Lait fermenté	Psychrotrophes, coliformes, levures et certaines bactéries lactiques
Yaourts	Levures essentiellement
Crèmes de fromages et fondus	Moisissures et bactéries sporulées
Fromages frais et pâtes molles	Psychrotrophes, coliformes, levures et certaines bactéries lactiques ; dégradations enzymatiques
Fromages affinés	Moisissures, bactéries lactiques hétérofermentaires, bactéries sporulées, levures gazogènes ; dégradations enzymatiques et production de gaz

L'évolution de la flore d'altération dans les produits laitiers va dépendre d'un grand nombre de facteurs, dont les principaux sont :
– les traitements du lait avant sa mise en œuvre (traitements thermiques ou filtration) ;
– les caractéristiques physico-chimiques du produit laitier (pH, a_w, Eh, taux de sel, etc.) ;
– les conditions de fabrication, d'affinage et de conservation du produit ;
– les ferments volontairement ensemencés pour la fabrication du produit ;
– l'hygiène des locaux de transformation et de conservation ;
– les solutions adoptées pour le conditionnement du produit.

Les grandes familles de micro-organismes impliquées dans l'altération des produits laitiers
Les bactéries psychrotrophes

Les bactéries psychrotrophes regroupent l'ensemble des bactéries capables de croître à basse température, soit en général entre 2 et 7 °C (Champagne *et al.*, 1994 ; Kraft *et al.*, 1976). Ces bactéries représentent une cause majeure d'altération des produits laitiers, car elles font partie de la flore naturelle et sont donc très bien adaptées au lait et à l'environnement laitier (De Jonghe *et al.*, 2011 ; Dempster, 1968). Les espèces majoritaires sont des *Pseudomonas* (70 % des psychrotrophes du lait), et par ailleurs quelques bactéries aérobies à Gram négatif et certaines espèces de *Bacillus*, de *Micrococcus*, d'*Aerococcus* et d'*Enterobacteriaceae* (Champagne *et al.*, 1994). Les *Pseudomonas* ont une forte capacité à utiliser les protéines et les lipides du lait, en tant que sources de carbone, et à produire de nombreuses enzymes extracellulaires (Christen *et al.*, 1986 ; Rajmohan *et al.*, 2002 ; Stead, 1986, 1987). Ces différentes dégradations sont à l'origine de nombreux défauts visuels, de texture, d'odeur et de goût (Champagne *et al.*, 1994). Dans les « buttermilk » et autres crèmes de fromage, les *Pseudomonas* peuvent également utiliser le diacétyle, en le métabolisant en acétaldéhyde, composé pouvant être à l'origine de défauts organoleptiques importants (Wang et Frank, 1981). Enfin, certaines espèces, et en particulier *Pseudomonas fluorescens*, ont la capacité de produire des pigments très colorés (jaunes ou bleus) altérant irrémédiablement la surface des fromages (Martin *et al.*, 2011).

Les coliformes et les entérobactéries

Dans les productions fromagères, en particulier celles réalisées à partir de lait cru, une acidification trop lente – ou trop faible – par des ferments ou des souches de bactéries lactiques, ou bien leur destruction par les bactériophages, favorise la croissance et/ou la production de gaz (CO_2 ou gaz soufrés) par les coliformes et les entérobactéries en général (Cullor, 1997). De plus, les technologies associées (fromages à pâtes pressées non cuites ou à pâtes molles) sont généralement très permissives pour la croissance de ce type de bactéries (pH, acidité, température, etc.) (Jacquet et Coiffier, 1973), en particulier lors de la remontée de pH associée au processus d'affinage (Coveney *et al.*, 1994 ; Ortolani *et al.*, 2010). Les altérations causées par ces bactéries sont cependant très variées. Additionnées aux défauts de goût et d'odeur (protéases/lipases) (Chaves-Lopez *et al.*, 2006 ; Morales *et al.*, 2004 ; Tornadijo *et al.*, 2001), les défauts d'aspect sont également fréquents, en raison de la production de gaz (Lück et Dunkeld, 1981 ; Tornadijo *et al.*, 1993), mais également ment de pigments colorés, en particulier pour l'espèce *Serratia rubidaea* (Cozzi *et al.*, 2006 ; Moser *et al.*, 1992).

Les bactéries sporulées

Les bactéries sporulées sont probablement les bactéries les plus fréquemment impliquées, avec les *Pseudomonas*, dans l'altération des fromages (Cosentino *et al.*, 1997). Si le lait cru est une source importante d'introduction de ces espèces dans les fromages, l'utilisation croissante de poudres (caséines, lactosérum, etc.) et d'eau (délactosage) dans la fabrication des fromages est également à considérer dans la gestion de ces contaminations. De plus, sous leur forme sporulée, les bactéries présentent une très forte résistance aux traitements thermiques des laits, comme la thermisation ou la pasteurisation, voire l'UHT (Ranieri et Boor, 2009), ainsi qu'une capacité de survie très importante dans les conditions technologiques de la transformation fromagère : résistance au pH, à l'acidité, au sel, etc. (Burgess *et al.*, 2010 ; Scheldeman *et al.*, 2005). Généralement, ce sont les spores survivant aux différents traitements existants qui pourront par la suite germer, puis croître sous leur forme végétative, lorsque les conditions environnementales redeviendront plus favorables à leur développement. À ce propos, il faut noter qu'un grand nombre d'espèces sporulées sont psychrotrophes (*Bacillus cereus*, par exemple) (Champagne *et al.*, 1994 ; Li et Hwang, 1998 ; Stenfors et Granum, 2001).

L'altération des produits laitiers est principalement due aux bacilles et aux clostridies. Pour ce qui est des bacilles, les espèces les plus incriminées sont *Bacillus licheniformis*, *B. cereus*, *B. subtilis*, *B. stearothermophilus*, *B. mycoides* et *B. megaterium* (Champagne *et al.*, 1994 ; Crielly *et al.*, 1994 ; Ternstrom *et al.*, 1993). Quant aux clostridies responsables de la fermentation butyrique, de fortes productions de gaz (CO_2) ou de protéolyses importantes (pourritures), ce sont principalement les espèces *Clostridium tyrobutyricum*, *C. butyricum*, *C. sporogenes* et *C. beijerinckii* (Bergere et Accolas, 1986 ; De Jonghe *et al.*, 2010 ; Ingham *et al.*, 1998 ; Klijn *et al.*, 1995 ; Lycken et Borch, 2006 ; Savoy de Giori *et al.*, 1982).

Les bacilles comme les *Clostridia* sont responsables de nombreux défauts dans les produits laitiers, et en particulier les fromages. Ces défauts sont étroitement liés aux activités enzymatiques des espèces et des souches contaminant les produits, mais sont le plus souvent corrélés à des activités protéolytiques ou lipolytiques fortes, concomitantes ou non à de fortes productions de gaz (Gupta *et al.*, 2004). Certaines souches sont également capables de produire des métabolites terminaux affectant fortement le goût et l'odeur (Crielly *et al.*, 1994 ; De Jonghe *et al.*, 2010).

Les levures et moisissures

Les levures, comme les moisissures, sont également des micro-organismes naturellement présents dans les écosystèmes laitiers et fromagers, et sont utilisées massivement et volontairement dans de nombreuses technologies fromagères, en particulier pour les fromages à croûte fleurie et les bleus (*Penicillium*) (Kinsella et Hwang, 1976 ; Schormuller, 1968), et dans l'affinage des pâtes pressées non cuites et d'autres fromages à croûte lavée (*Debaryomyces*, *Geotricum*) (Boutrou et Gueguen, 2005 ; Corsetti *et al.*, 2001 ; Filtenborg *et al.*, 1996 ; Fleet, 1990 ; Fox et Wallace, 1997).

Considérées dans certains cas comme flore technologique, les levures sont aussi la principale cause d'altération des produits laitiers frais (yaourts, laits fermentés et fromages frais), dans lesquels le pH bas constitue un environnement sélectif pour leur croissance (Filtenborg *et al.*, 1996 ; Fleet, 1990). Le métabolisme des levures dans les produits laitiers frais (utilisation du lactose résiduel et du galactose relargué par les streptocoques et/ou les lactobacilles thermophiles) conduit à la formation de gaz et de composés aromatiques générant des défauts de goût (alcools, aldéhydes, esters, etc.).

Pour ce qui est des fromages, leur pH bas et leur composition physico-chimique en font également des matrices très favorables à la croissance des levures. Le défaut le plus fréquent est l'apparition d'alcool et de CO_2, qui dénaturent à la fois le goût et l'aspect du produit. De nombreuses espèces sont capables de produire ces deux composés à partir des nutriments présents dans le fromage, que ce soit durant sa fabrication, son affinage ou sa conservation (*Candida*, *Saccharomyces*, *Geotricum*, *Kluyveromyces*, *Pichia* spp. *Debaryomyces*, etc.). La production de gaz est actuellement une préoccupation majeure des produits pré-emballés. Par ailleurs, la protéolyse et la lipolyse correspondent à des activités métaboliques très fortes chez les levures, générant des altérations importantes (odeurs, défauts de texture et de goût).

Concernant les moisissures, le risque d'altération est plus spécifiquement lié aux fromages qu'aux autres produits laitiers, le développement de ces micro-organismes étant généralement assez fortement dépendant de la présence d'oxygène, à de rares exceptions près (Filtenborg *et al.*, 1996 ; Taniwaki *et al.*, 2001). Finalement, la problématique est donc très similaire à celle rencontrée pour les levures (lipolyse, protéolyse, défauts de couleurs, de goût et d'aspect), tout en concernant plus particulièrement la surface des fromages, lieu privilégié du développement et la contamination aéroportée des moisissures (Ledenbach et Marshall, 2010). Il est aussi important de rappeler que les moisissures interviennent dans la fabrication de nombreux fromages, comme les pâtes molles à croûte fleurie et les bleus. Il semble donc difficile de n'appréhender les moisissures qu'en tant que contaminants indésirables. Les espèces rencontrées sont nombreuses, mais les plus fréquentes sont les *Penicillium*, les *Cladosporium*, les *Fusarium*, les *Aspergillus* et les *Mucors* (Filtenborg *et al.*, 1996). Les moyens de lutte, maintenant bien identifiés en fromagerie, font appel à une gestion optimisée des procédés, en particulier d'affinage et de conservation (contrôle des taux d'humidité et d'oxygène, utilisation d'antifongiques comme la natamycine ou l'argent, apport de gaz inertes pour la conservation sous films, etc.).

Les bactéries lactiques

Indispensables aux transformations laitières, car au cœur des processus d'acidification et de nombreuses aptitudes technologiques d'intérêt, les bactéries lactiques peuvent également constituer de redoutables micro-organismes d'altération quand leur présence ou leurs propriétés métaboliques ne sont pas souhaitées. Ainsi, la production d'exopolysaccharides (EPS) par certaines souches de streptocoques, de lactocoques ou de lactobacilles, peut être souhaitée pour les yaourts, mais considérée comme un défaut majeur pour certains fromages ou produits laitiers frais (crème de fromage, lait fermenté, pâtes molles). En effet, comme pour les levures et les moisissures, ce qui est favorable pour une technologie laitière peut être indésirable pour une autre. L'altération des fromages la plus souvent corrélée aux bactéries lactiques concerne la production de gaz et la production, par les espèces hétérofermentaires strictes ou facultatives (lactobacilles, leuconostocs, etc.), de métabolites au goût et/ou à l'odeur désagréable(s). Ces métabolismes sont d'ailleurs favorisés après les fermentations lactiques incomplètes (acidification défectueuse, attaque phagique, technologie et/ou ferments inadaptés, relargage important de galactose, etc.) et par les températures d'affinage hautes (> 8 °C), ce qui est le cas pour un grand nombre de fromages. D'autres voies métaboliques, et en particulier le catabolisme des acides aminés des NSLAB (*Non Starter Lactic Acid Bacteria*), peuvent également être une source d'altération fromagère (production de gaz, en particulier). Enfin, certains lactobacilles, comme *L. helveticus*, peuvent cataboliser la tyrosine en métabolites colorés (de rose à brun), et dégrader en conséquence l'aspect visuel des fromages affinés.

Parmi les autres bactéries lactiques soupçonnées d'être à l'origine de défauts d'odeur et de goût importants, les entérocoques et en particulier l'espèce *Enterococcus faecalis,* se retrouvent fréquemment cités dans la littérature (Franz *et al.*, 1999 ; Giraffa, 2003).

Les bactéries propioniques

Les bactéries propioniques jouent un rôle important dans les technologies fromagères de type pâtes pressées cuites, car elles sont à l'origine de la production de gaz permettant la formation des « trous » ou des « yeux » des fromages comme l'Emmental, ainsi que des arômes typiques de ces fromages (arômes fruités). Cependant, la présence des bactéries propioniques peut ne pas être souhaitable dans d'autres technologies fromagères (fromages aveugles), en particulier pour ce qui concerne les souches très gazogènes.

Les dégradations enzymatiques d'origine microbienne

L'altération des produits laitiers est aussi indirectement associée à la production massive, par certains micro-organismes, d'un grand nombre d'enzymes, comme les protéases, les lipases et les phospholipases, qui peuvent rester actives tout au long de la vie du produit, et surtout bien après la disparition de la population microbienne qui les a produites. À ce propos, un exemple très bien documenté concerne les bactéries psychrotrophes, en particulier les *Pseudomonas*, qui sont capables de produire de très grandes quantités d'enzymes extracellulaires (lipases/protéases) aux températures de stockage des laits (avant transformation, par exemple) (Dogan et Boor, 2003). Il en résulte l'apparition de défauts majeurs des laits de consommation, ou des produits laitiers dont ils sont issus et ce même après traitement thermique, sans effet sur les enzymes thermostables, voire activateur de leur fonction enzymatique (thermo-activation enzymatique) (Deeth *et al.*, 2002). Les défauts sont le plus souvent relatifs à la qualité organoleptique, avec l'apparition de peptides amers (protéases) ou la libération d'acides gras (lipases) à l'origine de goûts rances et/ou amers (Carini et Volonterio, 1968 ; Habibi-Najafi et Lee, 1996). *P. fluorescens* est l'espèce la plus communément rencontrée associée à ce type de défaut, mais un grand nombre d'autres bactéries à Gram négatif psychrotrophes possèdent également ces capacités (Rajmohan *et al.*, 2002).

▶▶ Les applications de la biopréservation

La survie et la croissance des pathogènes ou des flores d'altération au cours de la transformation des produits laitiers dépendent de l'espèce et de la souche. L'activité des micro-organismes issus du lait cru ou apportés comme ferments, qui modifie les caractéristiques physico-chimiques (pH, a_w, potentiel d'oxydoréduction) et biochimiques des produits tout au long de l'affinage ou de la conservation, est déterminante pour le devenir des flores indésirables. Le comportement des flores microbiennes et les équilibres entre ces flores sont également fortement liés au type de produit, aux conditions de fabrication (vitesse d'acidification, chauffage du caillé, salage) et aux conditions environnementales (température, humidité, durée d'affinage).

Afin de prévenir les contaminations par des bactéries pathogènes ou des flores d'altération au cours de la fabrication des produits laitiers, le choix des levains lactiques et d'affinage est important. D'autres facteurs bien contrôlés, comme la température et la salinité, permettent de limiter la croissance des flores indésirables. Les moyens de lutte sont également liés aux bonnes pratiques d'élevage et d'hygiène de traite, et à l'application de procédures HACCP dans les sites industriels laitiers et fromagers. Ainsi, dans la fabrication des fromages à pâte molle croûte lavée, a été abandonnée la technique traditionnelle du *old-young smearing*, à travers laquelle les anciennes solutions de frottage – pouvant contenir des flores indésirables – étaient utilisées pour brosser les fromages plus jeunes. En fait, ces « solutions à risque » ont été remplacées par des solutions définies et contrôlées pouvant contenir des micro-organismes capables de produire des substances antagonistes efficaces contre des pathogènes, *in situ*, lors de la préparation ou de l'affinage des fromages.

Le souci de sécurité alimentaire s'accompagne de plus en plus, chez le consommateur, de la demande de consommer des produits plus naturels, contenant le minimum de conservateurs chimiques et artificiels. C'est pourquoi les recherches se focalisent essentiellement sur le développement et l'utilisation d'agents antibactériens naturels.

Souches protectrices

Depuis plus d'une décennie, de réels efforts sont entrepris pour prendre en compte les caractéristiques antagonistes des micro-organismes, le plus souvent appartenant au groupe des bactéries lactiques, afin d'empêcher et de contrôler dans les produits laitiers le développement de flores pathogènes ou d'altération. Ainsi, des cultures protectrices sont utilisées parce qu'elles produisent des substances inhibitrices, incluant des acides organiques (issus de la transformation des sucres), du peroxyde d'hydrogène, et des bactériocines. Elles différent des levains lactiques et/ou d'affinage, qui sont principalement utilisés pour leurs fonctions technologiques (production d'acides organiques, d'arômes, de pigmentation…).

Ferments acidifiants

L'évolution du pH, associée à la production d'acides organiques par les bactéries lactiques, constitue la première barrière au développement des pathogènes et des flores d'altération au cours du processus de transformation des produits laitiers. Les valeurs de pH, la vitesse d'acidification, ainsi que la nature des acides, interviennent dans ce processus. L'activité bactéricide ou bactériostatique des acides organiques varie selon l'acide. La compréhension des potentialités antagonistes de bactéries lactiques vis-à-vis des pathogènes dans les produits laitiers s'appuie sur des tests de vieillissement (challenge-tests), pour la plupart réalisés à partir de laits ou de fromages inoculés avec des cultures protectrices et artificiellement contaminés avec une ou plusieurs souches du pathogène d'intérêt.

L'acidification est considérée comme le principal facteur qui détermine la croissance et la toxinogénèse de *S. aureus* au cours des premières heures de la fabrication du fromage (Delbès *et al.*, 2006 ; Cretenet *et al.*, 2011). La croissance de *S. aureus* est inhibée par l'acide lactique à des valeurs de pH inférieures à 4 en aérobiose, et à 4,6 en anaérobiose (Charlier *et al.*, 2009 ; Cretenet *et al.*, 2011). Une inhibition similaire a été obtenue avec de l'acide acétique à un pH de 5 seulement (Minor et Marth, 1970). Les entérotoxines peuvent être produites et détectées lorsque la population de *S. aureus* potentiellement toxinogène est suffisante (10^6 à 10^7 UFC/g) et que les conditions environnantes sont favorables à la toxinogénèse (Brisabois *et al.*, 1997). Leur production est inhibée à des valeurs de pH en-deçà de 4 en aérobiose, et de 5,3 en anaérobiose. La sensibilité de *S. aureus* au pH peut dépendre d'autres facteurs environnementaux, tels que la concentration en sel, la température et la proportion de *S. aureus* par rapport aux autres micro-organismes. L'acidification ne serait cependant pas le seul mécanisme à l'origine de l'inhibition de *S. aureus* par les bactéries lactiques en lait ou en fromage, puisque certaines espèces/souches de bactéries lactiques, telles que *Lactococcus garvieae* ou *Lactococcus lactis*, conservent leur activité inhibitrice même lorsque le pH du milieu est maintenu à une valeur constante (milieu tamponné) (Alomar *et al.*, 2008 ; Charlier *et al.*, 2009).

L'abaissement du pH du milieu à des valeurs de l'ordre de 4, au cours de la fermentation de laits écrémés par les bactéries lactiques, serait responsable de l'inhibition de *L. monocytogenes* (Schaack et Marth, 1988). De telles valeurs de pH sont proches de la limite de tolérance de *L. monocytogenes*, dont les populations sont d'autant plus faibles que les teneurs en acide lactique produit par les bactéries lactiques sont plus fortes (Hicks et Lund, 1991). À la surface d'un fromage de type Stracchino, l'acide lactique à 1,4 % est capable d'inhiber la croissance de *L. monocytogenes* (Stecchini *et al.*, 1996). Cependant, l'acide le plus inhibiteur vis-à-vis de *L. monocytogenes* est l'acide acétique, suivi de l'acide lactique et de l'acide citrique, et cela à 10, 25 et 35 °C (Sorrels *et al.* 1989 ; Conner *et al.*, 1990 ; Vasseur *et al.*, 1999). L'effet inhibiteur vis-à-vis de *L. monocytogenes* par les ferments lactiques est dépendant de la température, du caractère thermophile (*Streptococcus thermophilus* et/ou *Lactobacillus bulgaricus*) ou mésophile (*Lactococcus cremoris* et *L. lactis*) et de la concentration des ferments inoculés. Dans un caillé lactique, *L. monocytogenes* a été inhibée par le ferment, constitué de 2 souches de *L. lactis* et d'une souche de *Leuconostoc citreum*, responsable entre 5 et 7 jours de valeurs de pH avoisinant 4 (Margolles *et al.*, 1997). *L. monocytogenes* ne se développe pas, mais peut survivre pendant la conservation de fromages caillés grecs, le Galotyri ou la Feta, malgré des valeurs de pH inférieures à 4,3 (Rogga *et al.*, 2005 ; Papageorgiou et Marth, 1989) ; elle peut en fait se développer pendant la fabrication de la plupart des fromages à pâte molle, comme le camembert, malgré un abaissement du pH au-dessous de 4,6 (Ryser, 1987), sa croissance en cours d'affinage étant plus importante en surface qu'au cœur du fromage, en raison de la désacidification plus rapide de la croûte (Ramsaran *et al.*, 1998). *L. monocytogenes* est capable de survivre aux bas pH de l'environnement en utilisant des mécanismes d'adaptation au stress, ce qui augmente également sa résistance à d'autres stress, comme le stress osmotique. Ces résistances croisées de *L. monocytogenes* permettent de mieux appréhender ses capacités d'adaptation en fromage.

Les données sur la sensibilité des STEC aux acides et leur comportement en fromage en présence de bactéries lactiques concernent essentiellement le sérotype

O157:H7. Les EHEC typiques majeurs, dont le sérotype O157:H7, diffèrent des autres *E. coli* par une résistance aux acides bien supérieure, qui leur permet de survivre dans les aliments à des pH de 3 à 4 (Vernozy-Rozand, 2005). Pour de faibles concentrations en acide acétique, le sel (4 %) pourrait avoir un effet protecteur contre *E. coli* O157:H7 (Hosein *et al.*, 2011). En fonction de la technologie fromagère, les souches de STEC, notamment *E. coli* O157:H7, peuvent croître, se maintenir ou décliner en début de fabrication, mais seraient capables de survivre pendant l'affinage ou la conservation du fromage à des taux de population faibles, mais potentiellement suffisants pour présenter un risque infectieux pour le consommateur. Dans un fromage à pâte molle de type camembert fabriqué avec un ferment mésophile (*L. lactis* subsp. *cremoris* et *L. lactis* biovar *diacetylactis*), le niveau de STEC non-O157:H7 augmente en moyenne de 2 log UFC/g au cours des 24 premières heures de la fabrication, malgré l'abaissement du pH à 4,65 (Montet *et al.*, 2009). Dans ce contexte, Montet *et al.* (2009) n'ont pas noté de différence de comportement entre des souches de STEC non-O157:H7 acido-résistantes et des souches non acido-résistantes. En revanche, dans des fromages lactiques au lait cru de chèvre, le niveau de *E. coli* O157:H7 diminue de 3 log UFC/g au cours des 24 premières heures, tandis que le pH est abaissé à 4,3 ; mais une population de *E. coli* O157:H7 survit au cours de l'affinage au moins jusqu'à 42 jours (Vernozy-Rozand *et al.*, 2005). Dans des fromages à pâte pressée – de type Gouda et Cheddar – fabriqués à partir de lait cru inoculé avec un ferment composé de souches de *L. lactis* subsp. *lactis*, *L. lactis* subsp. *cremoris* et *S. thermophilus*, le niveau d'*E. coli* O157:H7 augmente de 1 log au cours des 24 premières heures, puis décroît au cours de l'affinage (D'Amico *et al.*, 2010). Le niveau d'*E. coli* O157:H7 à un jour et le nombre de jours d'affinage pour que ce niveau devienne ≤ 5 UFC/g sont positivement corrélés avec le pH du fromage à un jour. Le potentiel d'inhibition des STEC par les bactéries lactiques semble donc très variable en fonction des souches et des technologies fromagères. Une souche de *Lactobacillus rhamnosus* (LC705), reconnue pour ses propriétés antimicrobiennes vis-à-vis de bactéries à Gram positif au cours de la panification, a même favorisé la survie d'une souche d'EHEC durant l'affinage de fromage d'Edam (Luukkonen *et al.*, 2005).

Salmonella Enteritidis sérotype Typhimurium ne survit pas dans les fromages à pâte pressée cuite de type Emmental (Bachman et Spahr, 1995), mais persiste pendant le premier mois d'affinage dans des fromages à pâte demi dure de type Tilsit (Bachman et Spahr, 1995) ou Montasio (Stecchini *et al.*, 1991). Dans les fromages frais, comme la Feta, *S.* Enteritidis inoculée à un taux de 10^6 à 10^7 UFC/ml dans le lait se multiplie et sa population atteint son maximum au cours des 48 premières heures, puis elle décroît à partir du salage, mais peut survivre au-delà de 75 jours (Papadopoulou *et al.*, 1993 ; Erkmen et Bozoglu, 1995). Inoculées en surface de fromages à pâte molle de type Brie (Little et Knøchel, 1994), Quesofresco (Kasrazadeh et Genigeorgis, 1994) ou Crottin au lait de chèvre (Tamagnini *et al.*, 2005) pour mimer une contamination post-procédé, les populations de *Salmonella* ont augmenté lorsque le fromage était conservé à 20 °C-25 °C, mais se sont stabilisées – ou ont diminué – lorsque la température de stockage du fromage était inférieure à 8 °C. Initialement inoculées à 10^5 UFC/g en surface du Crottin, elles subsistaient à un niveau de 10^3 UFC/g après 42 jours à 5 °C (Tamagnini *et al.*, 2005).

Les bactériocines produites par les bactéries lactiques

La plupart des bactériocines ciblant des bactéries à Gram positif sont produites par les bactéries lactiques (*Lactococcus, Streptococcus, Enterococcus, Lactobacillus, Pediococcus, Leuconostoc* et *Carnobacterium*). De nombreuses recherches sont focalisées essentiellement sur l'action inhibitrice de ces bactériocines contre *L. monocytogenes* – ou d'autres espèces de *Listeria* – au cours de la fabrication fromagère, mais également contre les spores de *Clostridium*, responsables des défauts de gonflement dans les pâtes semi-pressées et pressées.

La nisine, bactériocine de classe I produite par les lactocoques, est la mieux étudiée, et la seule bactériocine légale actuellement utilisée comme bioconservateur (E234). À ce jour, la nisine est autorisée dans plus de 40 pays et commercialisée (Nisaplin®, Aplin and Barrett Ltd.) sous forme concentrée directement dans le lait, tout en n'étant pas cependant autorisée en France pour la production de fromages AOP. Le large spectre d'action de la nisine inclut notamment les listeria, les entérocoques, les streptocoques, les staphylocoques et les clostridies. Il existe cependant plusieurs inconvénients majeurs à l'utilisation de la nisine. Son large spectre d'inhibition implique en effet que les bactéries lactiques présentes dans le levain, qui ne sont pas résistantes à la nisine, sont inhibées. De plus, la nisine perd de façon irréversible toute activité dans un caillé acide (Richard, 1998). Enfin, la nisine peut être dégradée par les protéases présentes naturellement dans le fromage, provoquant ainsi une baisse significative de l'activité inhibitrice sur matrice fromagère (Maisnier-Patin et Richard, 1992 ; Benech *et al.*, 2002). Benech *et al.* (2002) ont proposé d'encapsuler la nisine dans des liposomes, et permis par ce procédé de maintenir 90 % de l'activité de la bactériocine dans un fromage préalablement contaminé par *Listeria innocua*.

Des études ont démontré que les bactériocines de classe II, en particulier les entérocines, présentent un spectre antibactérien plus étroit et plus ciblé contre *Listeria* spp. (Ennahar *et al.*, 1999 ; Ennahar et Deschamps, 2000), mais également contre *S. aureus*. Nunez *et al.* (1997) ont montré qu'une souche d'*E. faecalis* productrice d'entérocine 4, inoculée comme levain lors de la fabrication d'un fromage Manchego volontairement contaminé par *Listeria*, entraînait une diminution de la concentration de *L. monocytogenes* de 6 $\log_{10}$ en 7 jours. De la même façon, Muñoz *et al.* (2007) ont montré que l'action synergique d'un préchauffage du lait à 65 °C pendant 5 minutes et l'inoculation du levain *E. faecalis*, producteur de l'entérocine AS-38, dans le lait, inhibe significativement la croissance de *S. aureus* dans le lait et le fromage.

La plupart des bactériocines produites par les bactéries lactiques (à l'exception de la nisine) sont actives à des valeurs basses de pH (entre 4,5 et 6), ce qui les rend peu efficaces lors de l'étape d'affinage, au cours de laquelle le pH est supérieur à 6 (Ennahar et Deschamps, 2000). Cependant, Ennahar *et al.* (1996 ; 1998) ont isolé du Munster une souche de *Lactobacillus plantarum* (commercialisée sous le nom de WHE92) capable de produire une bactériocine, la « pédiocine AcH », résistante à un pH supérieur à 6 et active contre *L. monocytogenes*. Cette souche a été ensemencée plusieurs fois dans des fromages à pâte molle croûte lavée modèles, artificiellement contaminés avec *L. monocytogenes*. Une réduction de la concentration du pathogène a été observée (Ennahar *et al.*,

1998 ; Loessner *et al.*, 2003). Loessner *et al.* (2003) ont également noté un développement de résistances à cette bactériocine dans l'ensemble des douze souches de *L. monocytogenes* testées (fréquence de résistance variant de 10^{-3} à 10^{-6}). Ce problème de résistance a déjà été reporté pour d'autres bactériocines, dont la nisine (Song et Richard, 1997), et représente un risque à considérer dans une unité de production. Par conséquent, il est conseillé de ne pas utiliser une souche productrice de bactériocine – ou la bactériocine sous sa forme concentrée – de manière continue sur une longue période dans une ligne de production, mais de faire des rotations de souches, comme il est pratiqué pour la lutte contre les phages, ou bien d'utiliser la nisine couplée à d'autres bactériocines de structure très différente (Loessner *et al.*, 2003).

Les bactériocines ou « bactériocines-like » produites par les bactéries corynéformes

Bien que l'utilisation de bactériocines produites par les bactéries lactiques ait montré des résultats intéressants sur la réduction de croissance de *L. monocytogenes*, leur activité diminue généralement durant l'affinage, quand le pH remonte. Cette limite a orienté les recherches vers l'identification de bactériocines produites par les bactéries corynéformes, composants naturels des croûtes des fromages à pâte molle croûte lavée, particulièrement adaptées aux conditions d'affinage. L'isolement de micro-organismes de la morge possédant des activités antibactériennes remonte aux années 1960, quand Grecz *et al.* (1961, 1962) émettaient l'hypothèse que *Brevibacterium linens* isolé de la surface de Liederkranz, était responsable de l'inhibition de *Clostridium botulinum*, *B. cereus* et *S. aureus*. Depuis, des études ont montré que certaines bactéries corynéformes (*Brevibacterium, Corynebacterium, Arthrobacter*) et staphylocoques possédaient des effets antagonistes contre *Listeria* (Valdes-Stauber *et al.*, 1991 ; Valdes-Stauber et Scherer, 1994, 1996). Plusieurs molécules inhibitrices, qualifiées de « bactériocine-like » comme la linocine M18 et la linenscine OC2, ont été décrites chez les bactéries corynéformes et principalement chez *Brevibacterium*. Généralement, elles inhibent les bactéries à Gram positif uniquement, dont *Listeria*, mais aussi plusieurs bactéries corynéformes (Ryser *et al.*, 1994 ; Maisnier-Patin et Richard, 1995 ; Motta et Brandelli, 2002, 2003). La souche productrice de linenscine OC2 est exploitée sous licence depuis plusieurs années. Récemment, Gori *et al.* (2010) ont montré que des staphylocoques d'origine laitière étaient capables de produire en quantités importantes une bactériocine de type III très stable. Le tableau 3.2 résume quelques exemples récents d'applications.

Les cultures protectrices produisant des composés antimicrobiens, non protéiques, de faible poids moléculaire

Depuis quelques années, une attention particulière est portée sur les potentialités antifongiques de levains lactiques et leur éventuelle utilisation contre l'altération des produits laitiers par des moisissures et des levures (Schnürer et

Tableau 3.2. Applications récentes d'utilisation de cultures inhibitrices ou de bactériocines contre *L. monocytogenes* dans les fromages frais et affinés.

Bactériocine	Nom de l'espèce	Mode d'utilisation	Références
Entérocine 416K1	*Enterococcus casseliflavus*	Bactériocine encapsulée dans un film polymère	Iseppi *et al.*, 2008
Céréine 8A	*Bacillus cereus*	Application de la bactériocine en surface	Bizani *et al.*, 2008
Entérocines A et B	*Enterococcus faecium*	Culture d'affinage ajoutée dans le bain de saumure et la solution de frottage	Izquierdo *et al.*, 2009
Lacticine 3147	*Lactococcus lactis*	Ajouté lors du soin de croûte	O'Sullivan *et al.*, 2006 ; Garde *et al.*, 2006
Nisine et Pédiocine PA-1	*Lactococcus lactis recombinant*	Utilisation en tant que levain lactique	Reviriego *et al.*, 2007
Entérocine A	*Lactococcus lactis recombinant*	Utilisation en tant que levain lactique	Liu *et al.*, 2008

Magnusson, 2005). En effet, la maîtrise de la flore fongique est difficile car selon le type de produits laitiers et les technologies, cette flore est à la fois nécessaire dans le procédé de fabrication et indésirable. Les défauts généralement attribués à la présence des levures (*Candida* spp., *Pichia* spp., ...) et des moisissures (*Penicillium*, *Aspergillus* spp.) sont la libération de flaveurs indésirables (problèmes d'aspect et de goût), ainsi que l'accumulation de mycotoxines pouvant provoquer des allergies. Habituellement, cette flore d'altération est contrôlée *via* l'utilisation d'additifs chimiques, tels que l'acide benzoïque ou l'acide sorbique, qui sont de plus en plus controversés et rejetés par le consommateur. Quelques cultures protectrices antifongiques sont actuellement commercialisées, mais leur application est encore émergente : deux cultures protectrices, *Propionibacterium freundenreichii* subsp. *shermani* JS et *L. rhamnosus* LC705 ou *Lactobacillus paracasei* SM20, commercialisées sous le nom de HOLDBAC™ (Danisco, Danemark), sont utilisées pour leur action antifongique dans les produits laitiers comme le yaourt, ou à la surface des pâtes pressées (Miescher-Schwenninger et Meile, 2004). Les composés antimicrobiens sont très variés et peuvent être produits en même temps, comme par exemple les acides lactique, acétique et 2-pyrrolidone-5-carboxylique, et par ailleurs le peroxyde d'hydrogène (système lactoperoxydase), l'acide formique, propionique ou le diacétyl, ainsi que les acides gras (Schnürer et Magnusson, 2005). Contrairement aux peptides antibactériens, on ne connaît pas précisément les mécanismes d'action, étant donné que différentes interactions peuvent avoir lieu en synergie entre les différents composés produits, ce qui complexifie considérablement le phénomène d'inhibition (Grattepanche *et al.*, 2008). L'efficacité d'une culture protectrice est souvent liée à un fort niveau d'inoculation, qui peut avoir une incidence non négligeable sur la qualité, mais aussi sur le coût du produit final. Il est donc nécessaire d'optimiser avec beaucoup de soin les conditions d'utilisation de ces cultures.

La flore barrière naturelle

La biodiversité des populations microbiennes joue un rôle majeur dans la résilience de l'écosystème fromager et dans sa résistance à diverses perturbations, comme l'apparition d'un pathogène alimentaire, tel que *L. monocytogenes*. Plusieurs études ont analysé la biodiversité et la stabilité temporelle de consortia microbiens d'affinage anti-*Listeria*, issus généralement de fromages à pâtes molles croûtes lavées et de pâtes pressées (Carminati *et al.*, 1999 ; Maoz *et al.*, 2003 ; Millet *et al.*, 2006 ; Saubusse *et al.*, 2007 ; Mounier *et al.*, 2008 ; Retureau *et al.*, 2010 ; Monnet *et al.*, 2010 ; Bleicher *et al.*, 2010a, 2010b ; Roth *et al.*, 2010, 2011). Ces études ont montré que la perte – ou le gain – de l'activité inhibitrice « anti-*Listeria* » était lié à une modification de la structure et de la diversité du consortium dans le temps, et ont ainsi suggéré qu'il pourrait exister des facteurs intrinsèques à ce consortium favorisant la croissance de certaines espèces compétitives plutôt que d'autres. La production de substances antagonistes était insuffisante pour expliquer l'inhibition de *Listeria* observée sur ces fromages. La flore microbienne naturellement présente à la surface des fromages exercerait donc un rôle protecteur de flore barrière, face à la prolifération de contaminants. À ce propos, différentes hypothèses peuvent être émises : certains facteurs produits grâce à une activité métabolique spécifique (production d'acides organiques, de bactériocines, de peroxyde d'hydrogène, compétition pour les nutriments…) en lien avec des paramètres technologiques (température, concentration en sel…) peuvent exercer des actions synergiques et inhiber une flore pathogène ou d'altération (Mayr *et al.*, 2004 ; Guillier *et al.*, 2008 ; Callon *et al.* 2011 ; Irlinger et Mounier, 2009). Une étude transcriptomique sur puce comparant l'expression métabolique de *L. monocytogenes*, en présence ou non d'un *consortium* complexe de surface des fromages fortement inhibiteur, a été décrite par Maoz *et al.* (2003). Ces auteurs ont montré que la plupart des gènes impliqués dans la récupération d'énergie étaient surexprimés après quatre heures de contact entre *Listeria* et le *consortium* microbien, suggérant ainsi que *Listeria* était entré en état de stress et de carence nutritionnelle (Hain *et al.*, 2007). Il est également bien connu que la synthèse de bactériocines peut être régulée par un mécanisme appelé *quorum sensing* (Gobbetti *et al.*, 2007 ; Kleerebezem, 2004 ; Navarro *et al.*, 2008). Dans ce cas, on suppose que certaines molécules produites par une population agissent comme des signaux et déclenchent la production de bactériocine par une autre population, phénomène expliquant l'absence d'activité antimicrobienne en condition de culture pure. Ainsi, la production de deux substances inhibitrices a été récemment mise en évidence dans des cultures liquides ensemencées avec des consortia d'affinage issus de croûtes de fromages affinés (Munster). Le potentiel antagoniste de ces substances contre des bactéries à Gram négatif, mais aussi des bactéries à Gram positif, ainsi que leur résistance à l'action de la protéinase K, les différencient des bactériocines classiques. Il a été identifié dans le milieu un mélange complexe d'acides gras à courtes chaînes et de petits peptides antibactériens, qui seraient responsables de cette inhibition (Bleicher *et al.*, 2010a, b). Des études suggèrent également que les producteurs potentiels appartiennent principalement au groupe des bactéries lactiques, le plus souvent d'origine marine (*Vagococcus, Facklamia, Alkalibacterium, Marinilactibacillus*), et non aux autres groupes bactériens (Bleicher *et al.*, 2010a, b ; Roth *et al.*, 2010, 2011).

▸▸ Conclusion

Une combinaison de facteurs (contraintes d'hygiène, bonnes pratiques de fabrication, teneur en sel, acidité, bactériocines, flores microbiennes compétitives, contrôles de produits finis), lorsqu'ils sont utilisés ensemble, permet de prévenir le développement de flores indésirables.

Enfin, il est important de souligner que très peu de cultures protectrices sont commercialisées à ce jour, car il est très difficile de développer de telles cultures (Grattepanche *et al.*, 2008) sans tenir compte de l'écosystème dans son ensemble. En plus de la production de substances antagonistes, la composition microbienne de la flore technologique (au cœur et en surface), à travers la genèse d'interactions écologiques complexes (compétitives ou symbiotiques), joue un rôle majeur sur la prolifération de pathogènes.

▸▸ Références bibliographiques

ALLERBERGER F., FRIEDRICH A.W., GRIF K., DIERICH M., DORNBUSCH H.-J., MACHE C.J., NACHBAUR E., FREILINGER M., RIECK P., WAGNER M., CAPRIOLI A., KARCH H., ZIMMERHACKL L.B., 2003. Hemolytic-uremic syndrome associated with enterohemorrhagic *Escherichia coli* O26:H infection and consumption of unpasteurized cow's milk. *Int. J. Infect. Dis.*, 7, 42-45.

ALOMAR J., LEBERT A., MONTEL M.C., 2008. Effect of temperature and pH on growth of *Staphylococcus aureus* in co-culture with *Lactococcus garvieae*. *Curr. Microbiol.*, 56, 408-412.

ANSES, 2011. Fiche de description de danger biologique transmissible par les aliments / *E. coli* entérohémorragiques (EHEC). http://www.anses.fr/Documents/MIC-Fi-EscherichiaColi.pdf

BACHMANN H.P., SPAHR U., 1995. The fate of potentially pathogenic bacteria in Swiss hard and semihard cheeses made from raw milk. *J. Dairy Sci.*, 78, 476-483.

BENECH R.O., KHEADR E.E., LARIDI R., LACROIX C., FLISS I., 2002. Inhibition of *Listeria innocua* in Cheddar cheese by addition of nisin Z in liposomes or by *in situ* production in mixed culture. *Appl. Environ. Microbiol.*, 68, 3683-3690.

BERGERE J.L., ACCOLAS J.P., 1986. Non-sporing and sporing anaerobes in dairy products. *Soc. Appl. Bacteriol. Symp. Ser.*, 13, 373-396.

BIZANI D., MORRISSY J.A., DOMINGUEZ A.P., BRANDELLI A., 2008. Inhibition of *Listeria monocytogenes* in dairy products using the bacteriocin-like peptide cerein 8A. *Int. J. Food Microbiol.*, 121, 229-233.

BLEICHER A., STARK T., HOFMANN T., BOGOVIC-MATIJASIC B., ROGELJ I., SCHERER S., NEUHAUS K., 2010a. Potent antilisterial cell-free supernatants produced by complex red-smear cheese microbial consortia. *J. Dairy Sci.*, 93, 4497-4505.

BLEICHER A., OBERMAJER T., MATIJASIC B.B., SCHERER S., NEUHAUS K., 2010b. High biodiversity and potent anti-listerial action of complex red smear cheese microbial ripening consortia. *Ann. Microbiol.*, 60, 531-539.

BOUDRY C., KORSAK N., JACOB B., ETIENNE G., THÉWIS A., DAUBE G., 2002. Ecologie de *Salmonella* dans le tube digestif du porc à l'abattage et étude de la contamination des carcasses. *Annales de Médecine Vétérinaire*, 146, 353-360.

BOUTROU R., GUÉGUEN M., 2005. Interests in *Geotrichum candidum* for cheese technology. *Int. J. Food Microbiol.*, 102, 1-20.

BRISABOIS A., LAFARGE V., BROUILLAUD A., de BUYSER M.-L., COLLETTE C., GARIN-BASTUJI B., THOREL M.-F., 1997. Les germes pathogènes dans le lait et les produits laitiers : situation en France et en Europe. *Rev. Sci. Tech. Off. Int. Epizooties*, 16, 452-471.

BURGESS S.A., LINDSAY D., FLINT S.H., 2010. Thermophilic bacilli and their importance in dairy processing. *Int. J. Food Microbiol.*, 144, 215-225.

CALLON C., SAUBUSSE M., DIDIENNE R., BUCHIN S., MONTEL M.C., 2011. Simplification of a complex microbial antilisterial *consortium* to evaluate the contribution of its flora in uncooked pressed cheese. *Int. J. Food Microbiol.*, 145, 379-389.

CARINI S., VOLONTERIO G., 1968. Bitter taste in cheese. *La Ricerca Scientifica*, 38, 71-75.

CARMINATI D., NEVIANI E., OTTOGALLI G., GIRAFFA G., 1999. Use of surface-smear bacteria for inhibition of *Listeria monocytogenes* on the rind of smear cheese. *Food Microbiol.*, 16, 29-36.

CHAMBA J.F., JAMET E., 2008. Contribution to the safety assessment of technological microflora found in fermented dairy products - Introduction. *Int. J. Food Microbiol.*, 126, 263-266.

CHAMPAGNE C.P., LAING R.R., ROY D., MAFU A.A., GRIFFITHS M.W., 1994. Psychrotrophs in dairy products: their effects and their control. *Crit. Rev. Food Sci. Nutr.*, 34, 1-30.

CHARLIER C., CRETENET M., EVEN S., LE LOIR Y., 2009. Interactions between *Staphylococcus aureus* and lactic acid bacteria: an old story with new perspectives. *Int. J. Food Microbiol.*, 131, 30-39.

CHAVES-LOPEZ C., DE ANGELIS M., MARTUSCELLI M., SERIO A., PAPARELLA A., SUZZI G., 2006. Characterization of the *Enterobacteriaceae* isolated from an artisanal Italian ewe's cheese (Pecorino Abruzzese). *J. Appl. Microbiol.*, 101, 353-360.

CHRISTEN G.L., WANG W.C., REN T.J., 1986. Comparison of the heat resistance of bacterial lipases and proteases and the effect on ultra-high temperature milk quality. *J. Dairy Sci.*, 69, 2769-2778.

COLIN M.P., 2009. Fiche de description de danger microbiologique transmissible par les aliments : *Salmonella* spp., Afssa (consulté le 05/12/2012) http://www.anses.fr/Documents/MIC-Fi-Salmonellaspp.pdf

CONNER D.E., SCOTT V.N., BERNARD D.T., 1990. Growth, inhibition and survival of *Listeria monocytogenes* as affected by acidic conditions. *J. Food Protect.*, 53, 652-655.

CORSETTI A., ROSSI J., GOBBETTI M., 2001. Interactions between yeasts and bacteria in the smear surface-ripened cheeses. *Int. J. Food Microbiol.*, 69, 1-10.

COSENTINO S., MULARGIA A.F., PISANO B., TUVERI P., PALMAS F., 1997. Incidence and biochemical characteristics of Bacillus flora in Sardinian dairy products. *Int. J. Food Microbiol.*, 38, 235-238.

COVENEY H.M., FITZGERALD G.F., DALY C., 1994. A study of the microbiological status of Irish farmhouse cheeses with emphasis on selected pathogenic and spoilage micro-organisms. *J. Appl. Bacteriol.*, 77, 621-630.

COZZI M., MILESI S., ANTONIOTTI G., SONCINI G., CANTONI C., 2006. Pigmented bacteria in dairy industry waters [Lombardy]. *Archivio Veterinario Italiano*, 57, 267-290.

CRETENET M., EVEN S., LE LOIR Y., 2011. Unveiling *Staphylococcus aureus* enterotoxin production in dairy products: a review of recent advances to face new challenges *Dairy Sci. Technol.*, 91, 127-150.

CRIELLY E.M., LOGAN N.A., ANDERTON A., 1994. Studies on the Bacillus flora of milk and milk products. *J. Appl. Bacteriol.*, 77, 256-263.

CULLOR J.S., 1997. Risks and prevention of contamination of dairy products. *Rev. Sci. Tech. Off. Int. Epizoot.*, 16, 472-481.

D'AMICO D.J., DRUART M.J., DONNELLY C.W., 2010. Behavior of *Escherichia coli* O157:H7 during the manufacture and aging of Gouda and stirred-curd Cheddar cheeses manufactured from raw milk. *J. Food Protect.*, 73, 2217-2224.

DE JONGHE V., COOREVITS A., DE BLOCK J., VAN COILLIE E., GRIJSPEERDT K., HERMAN L., DE VOS P., HEYNDRICKX M., 2010. Toxinogenic and spoilage potential of aerobic spore-formers isolated from raw milk. *Int. J. Food Microbiol.*, 136, 318-325.

DE JONGHE V., COOREVITS A., VAN HOORDE K., MESSENS W., VAN LANDSCHOOT A., DE VOS P., HEYNDRICKX M., 2011. Influence of storage conditions on the growth of Pseudomonas species in refrigerated raw milk. *Appl. Environ. Microbiol.*, 77, 460-470.

DEETH H.C., KHUSNIATI T., DATTA N., WALLACE R.B., 2002. Spoilage patterns of skim and whole milks. *J. Dairy Res.*, 69, 227-241.

DELBÈS C., ALOMAR J., CHOUGUI N., MARTIN J.F., MONTEL M.C., 2006. *Staphylococcus aureus* growth and enterotoxin production during manufacture of non-cooked, semi-hard cheese from cow's raw milk. *J. Food Protect.*, 69, 2161-2167.

DEMPSTER J.F., 1968. Distribution of psychrophilic micro-organisms in different dairy environments. *J. Appl. Bacteriol.*, 31, 290-301.

DOGAN B., BOOR K.J., 2003. Genetic diversity and spoilage potentials among Pseudomonas spp. isolated from fluid milk products and dairy processing plants. *Appl. Environ. Microbiol.*, 69, 130-138.

EFSA, EUROPEAN CENTRE FOR DISEASE PREVENTION AND CONTROL, 2011. The European Union Summary Report on Trends and Sources of Zoonoses, Zoonotic Agents and Food-borne Outbreaks in 2009. *EFSA Journal*, 9, 2090-2468.

ENNAHAR S., AOUDE-WERNER D., SOROKINE O., VAN DORSSELAER A., BRINGEL F., HUBERT J.C., HASSELMANN C., 1996. Production of pediocin AcH by *Lactobacillus plantarum* WHE92 isolated from cheese, *Appl. Environ. Microbiol.*, 62, 4381-4387.

ENNAHAR S., ASSOBHEL O., HASSELMANN C., 1998. Inhibition of *Listeria monocytogenes* in a smear-surface soft cheese by *Lactobacillus plantarum* WHE 92, a pediocin AcH producer. *J. Food Prot.*, 61, 186-191.

ENNAHAR S., SONOMOTO K., ISHIZAKI A., 1999. Class IIa bacteriocins from lactic acid bacteria: antibacterial activity and food preservation. *J. Biosci. Bioeng.*, 87, 705-716.

ENNAHAR S., DESCHAMPS N., 2000. Anti-Listeria effect of enterocin A, produced by cheese-isolated *Enterococcus faecium* EFM01, relative to other bacteriocins from lactic acid bacteria. *J. Appl. Microbiol.*, 88, 449-457.

ERKMEN O., BOZOĞLU T.F., 1995. Behaviour of *Salmonella* typhimurium in Feta cheese during its manufacture and ripening. *Lebensmittel-Wissenschaft und Technologie*, 28, 259-263.

FILTENBORG O., FRISVAD J.C., THRANE U., 1996. Moulds in food spoilage. *Int. J. Food Microbiol.*, 33, 85-102.

FLEET G.H., 1990. Yeasts in dairy products. *J. Appl. Bacteriol.*, 68, 199-211.

FOX P.F., WALLACE J.M., 1997. Formation of flavor compounds in cheese. *Adv. Appl. Microbiol.*, 45, 17-85.

FRANZ C.M.A.P., HOLZAPFEL W.H., STILES M.E., 1999. Enterococci at the crossroads of food safety? *Int. J. Food Microbiol.*, 47, 1-24.

GARDE S., AVILA M., GAYA P., MEDINA M., NUÑEZ M., 2006. Proteolysis of Hispanico cheese manufactured using lacticin 481-producing *Lactococcus lactis* ssp. *lactis* INIA 639. *J. Dairy Sci.*, 8, 840-849.

GIRAFFA G., 2003. Functionality of enterococci in dairy products. *Int. J. Food Microbiol.*, 88, 215-222.

GOBETTI M., DE ANGELIS M., DI CAGNO R., MINERVINI F., LIMITONE A., 2007. Cell-cell communication in food related bacteria. *Int. J. Food Microbiol.*, 120, 34-45.

GORI K., MORTENSEN C., JESPERSEN L., 2010. A comparative study of the anti-listerial activity of smear bacteria. *Int. Dairy J.*, 20, 555-559.

GRATTEPANCHE F., MIESCHER-SCHWENNINGER S., MEILE L., LACROIX C., 2008. Recent developments in cheese cultures with protective and probiotic functionalities. *Dairy Sci. Tech.*, 88, 421-444.

GRECZ N., DACK G.M., HEDRICK L.R., 1961. Antimicrobial agent of aged surface ripened cheese. I. Isolation and assay. *J. Food Sci.*, 26, 72-78.

GRECZ N., DACK G.M., HEDRICK L.R., 1962. Antimicrobial agent of aged surface ripened cheese. II. Sources and properties of the active principles. *J. Food Sci.*, 27, 335-342.

GUILLIER L., STAHL V., HEZARD B., NOTZ E., BRIANDET R., 2008. Modelling the competitive growth between *Listeria monocytogenes* and biofilm microflora of smear cheese wooden shelves. *Int. J. Food Microbiol.*, 128, 51-57.

GUPTA R., GUPTA N., RATHI P., 2004. Bacterial lipases: an overview of production, purification and biochemical properties. *Appl. Microbiol. Biotechnol.*, 64, 763-781.

HABIBI-NAJAFI M.B., LEE B.H., 1996. Bitterness in cheese: a review. *Crit. Rev. Food Sci. Nutr.*, 36, 397-411.

HAIN T., CHATTERJEE S.S., GHAI R., KUENNEA C.T., BILLION A., STEINWEG C., DOMANN E., KARST U., JANSCH L., WEHLAND J., EISENREICH W., BACHER A., JOSEPH B., SCHAR J., KREFT J., KLUMPP J., LOESSNER M.J., DORSCHT J., NEUHAUS K., FUCHS T.M., SCHERER S., DOUMITH M., JACQUET C., MARTIN P., COSSART P., RUSNIOCKI C., GLASER P., BUCHRIESER C., GOEBEL W., CHAKRABORTY T., 2007. Pathogenomics of Listeria spp. *Int. J. Med. Microbiol.*, 297, 541-557.

HICKS S.J., LUND B.M., 1991. The survival of *Listeria monocytogenes* in cottage cheese. *J. Appl. Bacteriol.*, 70, 308-314.

HOSEIN A.M., BREIDT F., SMITH C.E., 2011. Modeling the Effects of Sodium Chloride, Acetic Acid, and Intracellular pH on Survival of *Escherichia coli* O157:H7. *Appl. Environ. Microbiol.*, 77, 889-95.

HUSU J.R., SEPPNEN J.T., SIVEL S.K., RAURAMAA A.L., 1990. Contamination of raw milk by *Listeria monocytogenes* on dairy farms. *J. Vet. Med.*, 37, 268-275.

INGHAM S.C., HASSLER J.R., TSAI Y.W., INGHAM B.H., 1998. Differentiation of lactate-fermenting, gas-producing *Clostridium* spp. isolated from milk. *Int. J. Food Microbiol.*, 43, 173-183.

IRLINGER F., MOUNIER J., 2009. Microbial interactions in cheese: implications for cheese quality and safety. *Curr. Opin. Biotechnol.*, 20, 142-148.

ISEPPI R., PILATI F., MARINI M., TOSELLI M., DE NIEDERHÄUSERN S., GUERRIERI E., MESSI P., SABIA C., MANICARDI G., ANACARSO I., BONDI M., 2008. Anti-listerial activity of a polymeric film coated with hybrid coatings doped with enterocin 416K1 for use as bioactive food packaging. *Int. J. Food Microbiol.*, 123, 281-287.

IZQUIERDO E., MARCHIONI E., AOUDE-WERNER D., HASSELMANN C., ENNAHAR S., 2009. Smearing of soft cheese with *Enterococcus faecium* WHE 81, a multi-bacteriocin producer, against *Listeria monocytogenes*. *Food Microbiol.*, 26, 16-20.

JACQUET J., COIFFIER O., 1973. Coliforms in soft cheeses. *Compte Rendus des Séances de la Société de Biologie et de ses Filiales*, 167, 39-43.

KASRAZADEH M., GENIGEORGIS C., 1994. Potential growth and control of Salmonella in Hispanic type soft cheese. *Int. J. Food Microbiol.*, 22, 127-140.

KLAENHAMMER T.R., 1993. Genetics of bacteriocins produced by lactic acid bacteria. *FEMS Microbiol. Rev.*, 12, 39-86.

KING L.A., ESPIÉ E., HAEGHEBAERT S., GRIMONT F., MARIANI-KURKDJIAN P., FILLIOL-TOUTAIN I., BINGEN E., WEILL F.-X., LOIRAT C., DE VALK H., VAILLANT V. et le réseau des néphrologues pédiatres, 2009. Surveillance du syndrome hémolytique et urémique chez les enfants de 15 ans et moins en France, 1996-2007. *Bulletin épidémiologique hebdomadaire de l'INVS* n°14 / 7 avril 2009.

KINSELLA J.E., HWANG D.H., 1976. Enzymes of *Penicillium roqueforti* involved in the biosynthesis of cheese flavor. *Crit. Rev. Food Sci. Nutr.*, 8, 191-228.

KLEEREBEZEM M., 2004. Quorum sensing control of lantibiotic production; nisin and subtilin autoregulate their own biosynthesis. *Peptides*, 25, 1405-1414.

KLIJN N., NIEUWENHOF F.F., HOOLWERF J.D., VAN DER WAALS C.B., WEERKAMP A.H., 1995. Identification of *Clostridium tyrobutyricum* as the causative agent of late blowing in cheese by species-specific PCR amplification. *Appl. Environ. Microbiol.*, 61, 2919-2924.

KOUSTA M., MATARAGAS M., SKANDAMIS P., DROSINOS E.H., 2010. Prevalence and sources of cheese contamination with pathogens at farm and processing levels. *Food Control*, 21, 805-815.

KRAFT A.A., OBLINGER J.L., WALKER H.W., KAWAL M.C., MOON N.J., REINBOLD G.W., 1976. Microbial interactions in foods: meats, poultry and dairy products. *Soc. Appl. Bacteriol. Symp. Ser.*, 4, 141-150.

LEDENBACH L.H., MARSHALL R.T., 2010. Microbiological spoilage of dairy products, *In : Compendium of the microbiological spoilage of foods and beverages* (Sperber W.H., Doyle M.P., eds), Springer, New York, pp. 41-67.

LI K., HWANG C.C., 1998. Studying the effect of temperature on microbial growth using multiplicative model. *Proceedings of the National Science Council, Republic of China*, 22, 91-96

LITTLE S., KNØCHEL S., 1994. Growth and survival of *Yersinia enterocolitica*, *Salmonella* and *Bacillus cereus* in Brie stored at 4, 8 and 20 °C. *Int. J. Food Microbiol.*, 24, 137-145.

LIU L., O'CONNER P., COTTER P.D., HILL C., ROSS R.P., 2008. Controlling *Listeria monocytogenes* in Cottage cheese through heterologous production of enterocin A by *Lactococcus lactis*. *J. Appl. Microbiol.*, 104, 1059-1066.

LOESSNER M., GUENTHER S., STEFFAN S., SCHERER S., 2003. A pediocin-producing *Lactobacillus plantarum* strain inhibits *Listeria monocytogenes* in a multispecies cheese surface microbial ripening consortium. *Appl. Environ. Microbiol.*, 69, 1854-1857.

LÜCK H., DUNKELD M., 1981. *Enterobacteriaceae* in cheese. *South African Journal of Dairy Technology*, 13, 9-14.

LUUKKONEN J., KEMPPINEN A., KARKI M., LAITINEN H., MAKI M., SIVELA S., TAIMISTO A.M., RYHANEN E.L., 2005. The effect of a protective culture and exclusion of nitrate on the survival of enterohemorrhagic *E. coli* and *Listeria* in Edam cheese made from Finnish organic milk. *Int. Dairy J.*, 15, 449-457.

LYCKEN L., BORCH E. 2006. Characterization of *Clostridium* spp. isolated from spoiled processed cheese products. *J. Food Prot.*, 69, 1887-1891.

MAISNIER-PATIN S., DESCHAMPS N., TATINI S.R., RICHARD J., 1992. Inhibition of *Listeria monocytogenes* in Camembert cheese made with a nisin-producing starter. *Le Lait*, 72, 249-326.

MAISNIER-PATIN S., RICHARD J., 1995. Activity and purification of linenscin OC2, an antibacterial substance produced by *Brevibacterium linens* OC2, an orange cheese coryneform bacteria. *Appl. Environ. Microbiol.*, 61, 1847-1852.

MAOZ A., MAYR R., SCHERER S., 2003. Temporal stability and biodiversity of two complex antilisterial cheese-ripening microbial consortia. *Appl. Environ. Microbiol.*, 69, 4012-4018.

MARGOLLES A., RODRIGUEZ A., DE LOS REYES-GAVILAN C.G., 1997. Behavior of *Listeria monocytogenes* during the manufacture, ripening, and cold storage of Afuega'l OPitu cheese. *J. Food Prot.*, 60, 689-693.

MARTIN N.H., MURPHY S.C., RALYEA R.D., WIEDMANN M., BOOR K.J., 2011. When cheese gets the blues: *Pseudomonas fluorescens* as the causative agent of cheese spoilage. *J. Dairy Sci.*, 94, 3176-3183.

MAYR R., FRICKER M., MAOZ A., SCHERER S., 2004. Anti-listerial activity and biodiversity of cheese surface cultures: influence of the ripening temperature regime. *European Food Research and Technology*, 218, 242-247.

MICHEL V., HAUWUY A., CHAMBA J.F., 2001. La flore microbienne de laits crus de vache : diversité et influence des conditions de production. *Le Lait*, 81, 575-592.

MIESCHER-SCHWENNINGER S., MEILE L., 2004. A mixed culture of *Propionibacterium jensenii* and *Lactobacillus paracasei* subsp. *paracasei* inhibits food spoilage yeasts. *Syst. Appl. Microbiol.*, 27, 229-237.

MILLET L., SAUBUSSE M., DIDIENNE R., TESSIER L., MONTEL M.C., 2006. Control of *Listeria monocytogenes* in raw-milk cheeses. *Int. J. Food Microbiol.*, 108, 105-114.

MINOR T.E., MARTH E.H., 1970. Growth of *Staphylococcus aureus* in acidified pasteurized milk. *Journal of Milk Food Technology*, 33, 516–520.

MONNET C., BLEICHER A., NEUHAUS K., SARTHOU A.S., LECLERCQ-PERLAT M.N., IRLINGER F., 2010. Assessment of the anti-listerial activity of microfloras from the surface of smear-ripened cheeses. *Food Microbiol.*, 27, 302-310.

MONTET M.P., JAMET E., GANET S., DIZIN M., MISZCZYCHA S., DUNIÈRE L., THEVENOT D., VERNOZY-ROZAND C., 2009. Growth and survival of acid-resistant and non-acid-resistant Shiga-toxin-producing *Escherichia coli* strains during the manufacture and ripening of Camembert cheese. *Int. J. Microbiol.*, doi:10.1155/2009/653481.

MORALES P., FELIU I., FERNÁNDEZ-GARCÍA E., NuÐEZ M., 2004. Volatile coupounds produced in cheese by *Enterobacteriaceae* strains of dairy origin. *J. Food Prot.*, 67, 567-573.

MOSER P., COLLOMB R., STEINER C., 1992. *Serratia rubidaea* found in red spots of soft cheese. *Schweizerische Milchwirtschaftliche Forschung*, 21, 27-29.

MOTTA A.S., BRANDELLI A., 2002. Characterization of an antibacterial peptide produced by *Brevibacterium linens*. *J. Appl. Microbiol.*, 92, 63-70.

MOTTA A.S., BRANDELLI A., 2003. Influence of growth conditions on bacteriocin production by *Brevibacterium linens*. *Appl. Microbiol. Biotechnol.*, 62, 163-167.

MOUNIER J., MONNET C., VALLAEYS T., ARDITI R., SARTHOU A.S., HELIAS A., IRLINGER F., 2008. Microbial interactions within a cheese microbial community. *Appl. Environ. Microbiol.*, 74, 172-181.

MUÑOZ A., ANANOU S., GÁLVEZ A., MARTÍNEZ-BUENO M., RODRÍGUEZ A., MAQUEDA M., VALDIVIA E., 2007. Inhibition of *Staphylococcus aureus* in dairy products by enterocin AS-48 produced *in situ* and *ex situ*: bactericidal synergism with heat. *Int. Dairy J.*, 17, 760-769.

NAVARRO L., ROJO-BEZARES B., SÁENZ Y., DÍEZ L., ZARAZAGA M., RUIZ-LARREA F., TORRES C., 2008. Comparative study of the *pln* locus of the quorum-sensing regulated bacteriocin producing *Lactobacillus plantarum* J51 strain. *Int. J. Food Microbiol.*, 128, 390-394.

NUNEZ M., RODRÍGUEZ J.L., GARCÍA E., GAYA P., MEDINA M., 1997. Inhibition of *Listeria monocytogenes* by enterocin 4 during the manufacture and ripening of Manchego cheese. *J. Appl. Microbiol.*, 83, 671-677.

O'SULLIVAN L., O'CONNOR E.B., ROSS R.P., HILL C., 2006. Evaluation of live-culture-producing lacticin 3147 as a treatment for the control of *Listeria monocytogenes* on the surface of smear-ripened cheese. *J. Appl. Microbiol.*, 100, 135-143.

ORTOLANI M.B., YAMAZI A.K., MORAES P.M., VICOSA G.N., NERO L.A., 2010. Microbiological quality and safety of raw milk and soft cheese and detection of autochthonous lactic acid bacteria with antagonistic activity against *Listeria monocytogenes*, *Salmonella* spp., and *Staphylococcus aureus*. *Foodborne Pathog. Dis.*, 7, 175-180.

OSTYN A., DE BUYSER M.L., GUILLIER F., GROULT J., FÉLIX B., SALAH S., DELMAS G., HENNEKINNE J.A., 2010. First evidence of a food poisoning outbreak due to staphylococcal enterotoxin type E, France, 2009. *Euro Surveillance*, 15, 19528.

PAPADOPOULOU C., MAIPA V., DIMITRIOU D., PAPPAS C., VOUTSINAS L., MALATOU H., 1993. Behavior of *Salmonella enteritidis* during the manufacture, ripening, and storage of Feta cheese made from unpasteurized ewe's milk. *J. Food Prot.*, 56, 25-28.

PAPAGEORGIOU D.K., MARTH E.H., 1989. Fate of *Listeria monocytogenes* during the Manufacture, Ripening and Storage of Feta Cheese. *J. Food Prot.*, 52, 82-87.

RAJMOHAN S., DODD C.E., WAITES W.M., 2002. Enzymes from isolates of *Pseudomonas fluorescens* involved in food spoilage. *J. Appl. Microbiol.*, 93, 205-213.

RAMSARAN H., CHEN J., BRUNKE B., HILL A., GRIFFITHS M.W., 1998. Survival of bioluminescent *Listeria monocytogenes* and *Escherichia coli* O157:H7 in soft cheeses. *J. Dairy Sci.*, 81, 1810-1817.

RANIERI M.L., BOOR K.J., 2009. Short communication: bacterial ecology of high-temperature, short-time pasteurized milk processed in the United States. *J. Dairy Sci.*, 92, 4833-4840.

REIJ M.W., DEN AANTREKKER E.D., 2004. ILSI Europe risk analysis in microbiology task force. Recontamination as a source of pathogens in processed foods. *Int. J. Food Microbiol.*, 91, 1-11.

RETUREAU E., CALLON C., DIDIENNE R., MONTEL M.C., 2010. Is microbial diversity an asset for inhibiting *Listeria monocytogenes* in raw milk cheeses? *Dairy Sci. Tech.*, 90, 375-398.

REVIRIEGO C., FERNÁNDEZ L., RODRÍGUEZ J.M., 2007. A food-grade system for production of pediocin PA-1 in nisin-producing and non-nisin-producing *Lactococcus lactis* strains: application to inhibit *Listeria* growth in a cheese model system. *J. Food Prot.*, 70, 2512-2517.

RICHARD J., 1998. Des antimicrobiens naturels pour des fromages sains. *Biofutur*, 177, 28-30.

ROGGA K.J., SAMELIS J., KAKOURI A., KATSIARI M.C., SAVVAIDIS I.N., KONTOMINAS M.G., 2005. Survival of *Listeria monocytogenes* in Galotyri, a traditional Greek soft acid-curd cheese, stored aerobically at 4 °C and 12 °C. *Int. Dairy J.*, 15, 59-67.

ROTH E., MIESCHER-SCHWENNINGER S., HASLER M., EUGSTER-MEIER E., LACROIX C., 2010. Population dynamics of two antilisterial cheese surface consortia revealed by temporal temperature gradient gel electrophoresis. *BMC Microbiology*, 10, 74.

ROTH E., MIESCHER-SCHWENNINGER S., EUGSTER-MEIER E., LACROIX C., 2011. Facultative anaerobic halophilic and alkaliphilic bacteria isolated from a natural smear ecosystem inhibit Listeria growth in early ripening stages. *Int. J. Food Microbiol.*, 147, 26-32.

RYSER E.T., 1987. Fate of *Listeria monocytogenes* during the manufacture and ripenning Camembert cheese. *J. Food Prot.*, 50, 372-378.

RYSER E.T., MAISNIER-PATIN S., GRATADOUX J.J., RICHARD J., 1994. Isolation and identification of cheese-smear bacteria inhibitory to *Listeria* spp. *Int. J. Food Microbiol.*, 21, 237-246.

SAUBUSSE M., MILLET L., DELBÈS C., CALLON C., MONTEL M.C., 2007. Application of single strand conformation polymorphism — PCR method for distinguishing cheese bacterial communities that inhibit *Listeria monocytogenes*. *Int. J. Food Microbiol.*, 116, 126-135.

SAVOY DE GIORI G., FONT DE VALDEZ G., PESCE DE RUIZ HOLGADO A., OLIVER G., 1982. Isolation and identification of anaerobic contaminants from a machine for producing processed cheese. *Revista Argentina de Microbiologia*, 14, 105-110.

SCHELDEMAN P., PIL A., HERMAN L., DE VOS P., HEYNDRICKX M., 2005. Incidence and diversity of potentially highly heat-resistant spores isolated at dairy farms. *Appl. Environ. Microbiol.*, 71, 1480-1494.

Schnürer J., Magnusson J., 2005. Antifungal lactic acid bacteria as biopreservatives. *Trends in Food Science and Technology*, 16, 70-78.

Schormuller J., 1968. The chemistry and biochemistry of cheese ripening. *Adv. Food Res.*, 16, 231-334.

Schaack M.M., Marth E.H., 1988. Behavior of *Listeria monocytogenes* in skim milk during fermentation with mesophilic lactic starter cultures. *J. Food Prot.*, 51, 600-606.

Song H.J., Richard J., 1997. Antilisterial activity of three bacteriocins used at sub minimal inhibitory concentrations and cross-resistance of the survivors. *Int. J. Food Microbiol.*, 36, 155-161.

Sorrels K.M., Enigi D.C., Hatfield J.R., 1989. Effect of pH, acidulant, time and temperature on the growth and survival of *Listeria monocytogenes*. *J. Food Prot.*, 52, 571-573.

Stead D., 1986. Microbial lipases: their characteristics, role in food spoilage and industrial uses. *J. Dairy Res.*, 53, 481-505.

Stead D., 1987. Production of extracellular lipases and proteinases during prolonged growth of strains of psychrotrophic bacteria in whole milk. *J. Dairy Res.*, 54, 535-543.

Stecchini M.L., Sarais I., de Bertoldi M., 1991. The influence of *Lactobacillus plantarum* culture inoculation on the fate of *Staphylococcus aureus* and *Salmonella typhimurium* in Montasio cheese. *Int. J. Food Microbiol.*, 14, 99-109.

Stecchini M.L., Di Luch R., Bortolussi G., Del Torre M., 1996. Evaluation of lactic acid and monolaurin to control *Listeria monocytogenes* on Stracchino cheese. *Food Microbiol.*, 13, 483-488.

Stenfors L.P., Granum P.E., 2001. Psychrotolerant species from the *Bacillus cereus* group are not necessarily *Bacillus weihenstephanensis*. *FEMS Microbiology Letters*, 197, 223-228.

Tamagnini L.M., de Sousa G.B., Gonzalez R.D., Revelli J., Budde C.E., 2005. Behavior of *Yersinia enterocolitica* and *Salmonella typhimurium* in Crottin goat's cheese. *Int. J. Food Microbiol.*, 99, 129-134.

Taniwaki M.H., Hocking A.D., Pitt J.I., Fleet G.H., 2001. Growth of fungi and mycotoxin production on cheese under modified atmospheres. *Int. J. Food Microbiol.*, 68, 125-133.

Ternstrom A., Lindberg A.M., Molin G., 1993. Classification of the spoilage flora of raw and pasteurized bovine milk, with special reference to *Pseudomonas* and *Bacillus*. *J. Appl. Bacteriol.*, 75, 25-34.

Tornadijo M.E., Fresno J.M., Carballo J., Martin Sarmiento R., 1993. Study of *Enterobacteriaceae* throughout the manufacturing and ripening of hard goats' cheese. *J. Appl. Bacteriol.*, 75, 240-246.

Tornadijo M.E., Garcia M.C., Fresno J.M., Carballo J., 2001. Study of *Enterobacteriaceae* during the manufacture and ripening of San Simon cheese. *Food Microbiol.*, 18, 499-509.

van Cauteren D., Jourdan-da Silva N., Weill F.X., King L., Brisabois A., Delmas G., Vaillant V., de Valk H., 2009. Outbreak of *Salmonella enterica* serotype Muenster infections associated with goat's cheese, France, March 2008. *Eurosurveillance*, 14, 19290-19293.

Valdes-Stauber N., Götz H., Busse M., 1991. Antagonistic effect of coryneform bacteria from red smear cheee against *Listeria* species. *Int. J. Food Microbiol.*, 13, 119-130.

Valdes-Stauber N., Scherer S., 1994. Isolation and characterization of linocin M18, a bacteriocin produced by *Brevibacterium linens*. *Appl. Environ. Microbiol.*, 60, 3809-3814.

Valdes-Stauber N., Scherer S., 1996. Nucleotide sequence and taxonomical distribution of the bacteriocin gene *lin* cloned from *Brevibacterium linens* M18. *Appl. Environ. Microbiol.*, 62, 1283-1286.

Vasseur C., Baverel L., Hebraud M., Labadie J., 1999. Effect of osmotic, alkaline, acid or thermal stresses on the growth and inhibition of *Listeria monocytogenes*. *J. Appl. Microbiol.*, 86, 469-476.

Vernozy-Rozand C., Mazuy-Cruchaudet C., Bavai C., Montet M.P., Bonin V., Dernburg A., Richard Y., 2005. Growth and survival of *Escherichia coli* O157:H7 during the manufacture and ripening of raw goat milk lactic cheeses. *Int. J. Food Microbiol.*, 105, 83-88.

Wang J.J., Frank J.F., 1981. Characterization of psychrotrophic bacterial contamination in commercial buttermilk. *J. Dairy Sci.*, 64, 2154-2160.

Chapitre 4

Applications dans la filière des produits carnés

C. Feurer, S. Christieans, M. Rivollier, S. Leroy, R. Talon, M. Champomier-Vergès, M. Zagorec, M.-H. Desmonts

▸▸ Les spécificités des produits de la filière

Introduction

Le secteur des viandes de boucherie dans son ensemble (bœuf, porc, agneau, veau, cheval et abats) est le deuxième secteur des industries agro-alimentaires en France, avec cependant de grandes disparités entre les différentes espèces. En raison des préoccupations nutritionnelles, écologiques, et du coût d'achat, la consommation individuelle des viandes de boucherie est en baisse depuis une dizaine d'années, même si elle a enregistré une augmentation de 13 % entre 1970 et 2009 (Les études de FranceAgriMer, 2010). En 40 ans, la place de la viande dans la consommation alimentaire des Français s'est profondément modifiée. Ainsi, les Français ont abandonné le cheval (moins de 1 % en 2009), réduit la part de bœuf de 10 %, augmenté celle du porc et privilégié celle de la volaille de 12 %. Les Français se sont tournés vers les viandes blanches réputées moins grasses et d'un prix abordable. Ces évolutions tendancielles sont souvent en lien direct avec les différentes crises sanitaires que ce secteur a connu depuis 1999 (encéphalopathie spongiforme bovine, fièvre aphteuse, grippe aviaire, etc.).

En 2009, la consommation française se caractérise toujours par sa forte proportion de viande bovine (y compris le veau) avec 25,4 kg.ec (équivalent carcasse) par personne, contre une moyenne communautaire de 15,0 kg.ec, représentant 29 % de la consommation individuelle totale de produits carnés (Les études de FranceAgriMer, 2010).

Le porc (viande fraîche et charcuterie) est prédominant dans la consommation de viande (34,3 kg.ec, soit 39 % de la consommation individuelle totale). La volaille est la troisième source de protéines animales (24,2 kg.ec, 27,6 %). Enfin, la part de la viande ovine, qui est de 4 %, est relativement importante par rapport aux autres pays européens. Au total, un Français a consommé en 2009, 87,8 kg.ec de produits carnés, soit plus de 190 g de produits carnés finis par jour (soit 240 g.ec).

D'un point de vue économique, le secteur de la viande occupe une part prépondérante, avec un chiffre d'affaires de 30 milliards d'euros, plus de 1 000 entreprises qui sont en majorité des PME et 132 000 salariés (1er rang des industries agro-alimentaires pour ces trois critères). Néanmoins, la filière viande est fortement marquée, et de façon historique, par les crises épidémiques liées à l'encéphalopathie spongiforme bovine (ESB), aux dioxines, aux listérioses et, plus récemment, à *Escherichia coli* O157:H7. De plus, l'impact économique lié aux « retraits » des produits carnés altérés est loin d'être négligeable. Il n'existe pas de chiffres publiés concernant les pertes économiques liées aux altérations bactériologiques, mais les professionnels les estiment supérieures à celles inhérentes à la présence des bactéries pathogènes.

Dans ce contexte socio-économique difficile, les professionnels de la filière viande sont en quête d'innovations technologiques qui permettraient de satisfaire la sécurité microbiologique de leurs produits. L'approche de bio-protection, couplée à des modes de conditionnement et à des températures de conservation classiques, est une solution qui mérite d'être approfondie et/ou explorée pour l'industrie des produits carnés.

Microbiologie des viandes de boucherie et de la volaille

Dans la filière des viandes et produits carnés, quelle que soit l'espèce, les viandes sont naturellement contaminées. Même si les sources de contamination sont diverses, la majorité de la contamination trouve son origine aux trois stades critiques suivants : 1) la contamination liée à l'animal vivant (cuir, peau, plumes, etc.) ; 2) la contamination au cours de l'abattage, notamment au stade de l'éviscération ; et 3) celle inhérente aux différentes étapes de transformation (découpe, hachage, conditionnement, etc.) (Zagorec *et al.*, 2006). Pour ce dernier point, plusieurs vecteurs de contamination indirecte peuvent être impliqués : les opérateurs (outils et mains), les équipements, et plus globalement l'environnement des abattoirs et ateliers de travail (surfaces, air, sol, eau, etc.).

En France, comme partout en Europe, dans la mesure où les procédés d'abattage et de préparation des viandes n'incluent que très rarement une étape « assainissante », la qualité microbiologique des produits finis est majoritairement dépendante de la contamination initiale de la carcasse, qui représente environ 80 % de la population bactérienne. Les 20 % restants sont le résultat de la multiplication et/ou de l'amplification de cette contamination au cours des opérations de découpe, de préparation et de conservation, ainsi que des contaminations croisées liées aux matériels et surfaces de travail. Malgré le respect des bonnes pratiques hygiéniques et l'application des plans de contrôle aux différents maillons de la chaîne, les viandes restent susceptibles d'être contaminées par des bactéries pathogènes ou d'altération, du fait de la non-application de conservateurs et/ou de traitements décontaminants aux viandes fraîches. De plus, des risques de propagation bactérienne à cœur du produit existent lors d'opérations comme le hachage, ce qui renforce la probabilité de contamination des produits.

De par sa forte teneur en eau et sa richesse en éléments nutritifs, la viande fraîche est une matrice « périssable », car propice à la contamination bactérienne qui peut conduire (selon la charge initiale) à l'altération organoleptique du produit ou à la croissance des bactéries pathogènes, potentiellement présentes lorsque les conditions optimales de conservation ne sont pas respectées (rupture de la chaîne de froid, par exemple). La garantie de la qualité microbiologique de la viande est donc essentielle pour le consommateur et devient cruciale lorsque la viande est consommée crue ou peu cuite (steak haché tartare ou carpaccio), ou bien lorsqu'elle est destinée à une population à risque (enfants, personnes âgées, femmes enceintes).

Même si le respect des bonnes pratiques d'hygiène limite la concentration initiale des micro-organismes, les produits carnés sont inévitablement contaminés par des bactéries lors des opérations d'abattage et de préparation des viandes (Labadie, 1999). Ainsi, les produits finis peuvent être contaminés par des bactéries d'altération, telles que *Pseudomonas* ou *Brochothrix*, des bactéries pathogènes (*Listeria monocytogenes*, *Salmonella* ou *E. coli* producteurs de shigatoxines, *Staphylococcus aureus*, *Campylobacter*, etc.) ou par des flores indicatrices d'hygiène (*E. coli* et entérobactéries).

▸▸ Les bactéries pathogènes dans les produits carnés

Assurer la sécurité sanitaire des viandes est une préoccupation récurrente. Les risques de contamination des viandes lors de l'abattage, la découpe et la transformation restent élevés, même si beaucoup de progrès ont été faits en matière de manipulations et d'hygiène. De plus, l'évolution des habitudes alimentaires a entraîné une augmentation de la consommation des produits prêts à être consommés ne nécessitant que peu ou pas de cuisson, ce qui a accru le risque de toxi-infections alimentaires. Ainsi, des viandes et produits carnés contaminés par des bactéries pathogènes sont régulièrement impliqués dans des maladies d'origine alimentaire, comme en témoignent les crises qui secouent régulièrement ce secteur. Le rapport de l'European Food Safety Authority (EFSA, 2011) indique que les viandes et produits carnés ont été impliqués dans 17,3 % des toxi-infections alimentaires collectives. La viande de porc est la plus incriminée puisqu'elle est impliquée dans 7,8 % des toxi-infections. Le plus souvent, elle est contaminée par des *Clostridium* (22,4 %) et des salmonelles (15,8 %) (EFSA, 2011).

Les principales bactéries responsables de toxi-infections pouvant résulter de la consommation de viande et de produits carnés sont *Salmonella* spp., *Campylobacter* spp., *Yersinia enterolitica*, les *E. coli* producteurs de shigatoxines (STEC), dont le sérotype O157:H7, et *L. monocytogenes*. Ces bactéries sont toutes capables de se multiplier dans le tractus digestif de l'homme. Quatre autres bactéries, soit *Bacillus cereus*, *Clostridium botulinum*, *Clostridium perfringens* et *S. aureus*, peuvent être responsables de toxi-infections *via* la production de toxines (Daube, 2002 ; Nørrung et Buncic, 2008). Le tableau 4.1 synthétise les données disponibles dans le rapport de l'EFSA (2011) concernant l'implication de ces pathogènes et des produits carnés dans les toxi-infections alimentaires collectives.

Les salmonelles peuvent se développer dans le tractus intestinal des mammifères (porcs et bovins) et des oiseaux. Ces bactéries sont régulièrement isolées de viandes de volaille et de porc (Nørrung et Buncic, 2008). La consommation de produits contaminés peut entraîner des diarrhées, des fièvres et des douleurs abdominales dans les jours qui suivent l'ingestion. Les salmonelles impliquées dans les

Tableau 4.1. Bilan annuel des foyers de toxi-infections alimentaires liés à la consommation de viande ou de produits carnés dans les états membres européens (d'après EFSA, 2011).

Bactéries pathogènes	Nombre de foyers (%)*	Nombre de foyers vérifiés	Implication viande et produits carnés (%)**	Implication selon origine (%)
Salmonella	1722 (31)	324	12	Volaille (5,2) Porc (3,7) Bovine (3,1)
Campylobacter	333 (6)	16	56,3	Volaille (43,8) Bovine (12,5)
STEC	75 (1,4)	18	44,4	Bovine (37,5) ND***(6,9)
Yersinia	17 (0,3)	2	100	Porc (100)
Listeria	7 (0,1)	3	33,3	Porc (33,3)
Bacillus (toxines)	124 (2,2)	59	18,7	Volaille (10,2) Porc (3,4) Ovine (1,7) ND (3,4)
Clostridium (toxines)	141 (2,5)	71	42,5	Volaille (13,6) Porc (13,6) Bovine (6,8) Ovine (1,7) ND (6,8)
Staphylococcus (toxines)	293 (5,3)	88	17,1	Volaille (9,1) Porc (5,7) Bovine (2,3)

* Le nombre total de foyers de toxi-infections alimentaires est de 5 550 sur l'année 2009 ce qui correspond à 48 964 personnes infectées.
** Implication des viandes et produits carnés dans les foyers de toxi-infections vérifiés.
*** ND : non donnée

toxi-infections alimentaires appartiennent à l'espèce *Salmonella enterica* subsp. *enterica*, les serovars *S.* Enteritidis et *S.* Typhimurium étant les plus fréquemment incriminés. La viande est une source importante de contamination (Mor-Mur et Yuste, 2010). Les viandes et produits carnés sont impliqués dans 12 % des toxi-infections alimentaires collectives (tableau 4.1). En Europe, *S.* Enteritidis est surtout isolée de viandes de volaille, alors que *S.* Typhimurium contamine les viandes de porc, de volaille et de bovin (EFSA, 2011). Le nombre de cas de salmonellose décroît chaque année significativement dans l'Union Européenne, avec une baisse de plus de 17,4 % recensée entre 2008 et 2009 (EFSA, 2011). Des salmonelles ont été détectées chez 5,4 %, 8,7 %, et 0,7 % des échantillons de viande de poulet, de dinde et de porc, respectivement. Les produits non-conformes étaient le plus souvent des viandes hachées ou des préparations à base de viande. Il faut souligner que parmi les produits carnés responsables de toxi-infections, ce sont les viandes de volaille et de porc qui sont les plus souvent incriminées (EFSA, 2011 ; tableau 4.1).

Campylobacter est très présent dans le tube digestif des volailles, où il peut être en forte concentration (Silva *et al.*, 2011). Les cas de campylobactériose continuent d'augmenter en Europe, ce qui fait de cette zoonose la deuxième cause d'intoxications alimentaires collectives dans l'Union (tableau 4.1). *Campylobacter* est fréquemment isolé des viandes de volaille, et parfois de bœuf et de porc (Humphrey et Jørgensen, 2006). Cette bactérie peut entraîner des vomissements et des diarrhées, le plus souvent hémorragiques, suite à la consommation de viande contaminée insuffisamment cuite. L'espèce la plus incriminée est *Campylobacter jejuni*, qui est la principale cause de diarrhée dans le monde, suivie de *Campylobacter coli*. Dans un certain nombre de cas, l'infection peut évoluer et entraîner des syndromes respiratoires et neurologiques chroniques pouvant être mortels. Aux États-Unis, les Centres pour le contrôle et la prévention des maladies (Centers for Disease Control and Prevention, CDC) rapportent une moyenne de 10 000 cas de campylobactérioses par an (Silva *et al.*, 2011). *Campylobacter* serait responsable de la majorité des cas d'infections alimentaires sporadiques. Dans environ 50 % de ces cas, la contamination est associée à la manipulation ou la consommation de viande de volaille (Mor-Mur et Yuste, 2010). Les viandes et produits carnés sont majoritairement impliqués dans les cas de toxi-infections (tableau 4.1). Le produit le plus souvent contaminé est la viande de poulet, avec la détection de *Campylobacter* dans 31 % des échantillons (EFSA, 2011). Cependant, il a été rapporté que la proportion des viandes de poulet et de volaille contaminées pouvait être nettement plus importante, avec respectivement 88 % et 98 % des échantillons pour lesquels *Campylobacter* était isolé (Mor-Mur et Yuste, 2010).

Escherichia coli est une bactérie commensale du tube digestif des mammifères. La plupart de ces bactéries sont inoffensives, mais certaines d'entre elles, dont les *E. coli* producteurs de shigatoxines (STEC), et parmi eux *E. coli* O157:H7, présent au niveau du tractus intestinal des bovins, sont particulièrement à risque. Des STEC peuvent ainsi être détectés à tous les stades de la production bovine, des fèces aux carcasses jusqu'aux produits finis (Rhoades *et al.*, 2009). Après ingestion d'un aliment contaminé par moins de 100 bactéries, les consommateurs peuvent développer, après un épisode de diarrhée, une colite hémorragique sévère qui peut se compliquer par un syndrome hémolytique urémique (SHU) pouvant s'avérer fatal ou entraîner une pathologie rénale chronique. Un total de 3573 cas d'infections à STEC a été rapporté en Europe en 2009, le nombre de cas et de SHU ayant une tendance à augmenter, par rapport aux années précédentes (EFSA, 2011). La crise sanitaire de 2011 ne devrait pas infléchir la tendance[1]. En 2009, plus de la moitié des STEC responsables d'intoxications appartenait au sérogroupe O157. Les cas reportés touchaient surtout des enfants entre 0 et 4 ans, avec le développement d'un SHU dans 66 % des cas (EFSA, 2011). Les viandes ont été impliquées dans plus de 40 % des toxi-infections collectives à STEC, le produit le plus souvent incriminé étant la viande de bœuf (tableau 4.1 ; EFSA, 2011). Il faut noter que la viande de bœuf hachée a été le principal vecteur dans de nombreuses toxi-infections des années 1980 à 2000, notamment aux États-Unis (Mor-Mur et Yuste, 2010). Le risque de contamination par la viande de bœuf hachée peut être supprimé en imposant une cuisson à haute température et à cœur, les STEC étant peu résistants à la chaleur. En dehors de la viande de bœuf hachée, des

---

1. www.invs.sante.fr

cas d'intoxications ont aussi été rapportés *via* la consommation de saucissons à base de viande de mouton ou de bœuf (Nørrung et Buncic, 2008).

Yersinia enterolitica fait partie du groupe des entérobactéries. Cette bactérie est présente dans le tube digestif de très nombreuses espèces animales, notamment porcine, ovine, bovine, caprine et aviaire, et peut être retrouvée dans l'environnent au niveau des eaux de surface. *Y. enterolitica* est responsable d'infections gastro-intestinales touchant essentiellement les enfants *via* la consommation de viande contaminée. Les symptômes apparaissent entre 1 à 3 semaines après la contamination. Concernant les intoxications alimentaires collectives impliquant *Y. enterolitica*, leur nombre a baissé significativement sur la période de 2005 à 2009 (EFSA, 2011). Le produit le plus souvent incriminé était la viande de porc (tableau 4.1). Il faut souligner que la plupart des souches de *Y. enterolitica* isolées d'aliments ne sont pas pathogènes. Il est donc essentiel d'établir leur biotype et sérotype, afin de déterminer si les souches présentent un risque potentiel. Le porc semble être le principal réservoir de souches pathogènes pour l'homme (Tauxe *et al.*, 1987). L'étude de Fredriksson-Ahomaa *et al.* (2006) a permis d'établir un lien entre les souches isolées chez le porc et les souches cliniques. La transmission peut avoir lieu lors de la consommation de produits porcins crus ou mal cuits, et notamment des abats.

Listeria monocytogenes est une bactérie de l'environnement qui se développe à basse température, et donc aux températures de réfrigération. Elle peut contaminer les viandes durant les procédés de transformation, et les produits qui ne subissent pas de cuisson supplémentaire avant la consommation sont particulièrement à risque (Mor-Mur et Yuste, 2010). L'incidence de la listériose est faible, mais la gravité de la maladie en fait un problème majeur de santé publique. Les femmes enceintes sont les sujets les plus sensibles à ce type de contamination. La listériose entraîne des complications pendant la grossesse et peut provoquer des mortalités néonatales. Le nombre de cas de listériose a augmenté entre 2008 et 2009 de 19,1 %. En 2009, le taux de mortalité associé à la listériose était de 17 %. Les aliments les plus incriminés étaient les produits prêts à être consommés, dont des produits carnés, et notamment ceux d'origine porcine (tableau 4.1). *Listeria* était ainsi détectée chez 2,6 % des produits à base de porc, 2,2 % à base de volaille et 1 % à base de bœuf (EFSA, 2011). *L. monocytogenes* résiste bien aux conditionnements sous vide ou sous atmosphère modifiée et au sel, et croît aux températures de réfrigération, ce qui explique le risque particulier que représentent les produits carnés prêts à être consommés (Mor-Mur et Yuste, 2010). L'étude de Bohaychuk *et al.* (2006) a montré que *L. monocytogenes* était détectée dans un large échantillonnage de produits carnés crus ou prêts à être consommés, quelle que soit l'origine aviaire, porcine ou bovine.

Les toxines bactériennes sont impliquées dans environ 10 % des toxi-infections alimentaires collectives en Europe (EFSA, 2011). Certaines bactéries, appartenant aux genres *Bacillus*, *Clostridium* et *Staphylococcus* et pouvant contaminer les viandes, ont un fort potentiel à produire des toxines, qui peuvent être thermolabiles ou thermorésistantes.

Bacillus cereus est une bactérie capable de sporuler. Ubiquiste, elle est fréquemment présente dans l'air, le sol et l'eau. L'ingestion d'aliments contaminés, soit par la forme végétative, soit par les spores, peut entraîner deux types de symptômes : des nausées et des vomissements dus à une toxine émétique thermostable produite au sein de l'aliment, ou des douleurs abdominales et des diarrhées dues à une enté-rotoxine thermolabile produite *in vivo*. La contamination par des produits carnés cuits et/ou transformés est uniquement associée aux symptômes diarrhéiques, qui apparaissent après 8 à 24 heures d'incubation, suite à la production de l'entéro-toxine dans le tube digestif (Kotiranta *et al.*, 2000). La viande peut être exposée à de nombreuses sources de contamination par *B. cereus* lors de l'abattage. Les produits les plus à risque sont ceux qui sont hachés. La cuisson des viandes ne permet pas de détruire les spores. La viande de volaille est celle qui a été la plus souvent mise en cause dans les toxi-infections causées par *B. cereus* (EFSA, 2011 ; tableau 4.1).

Les *Clostridium* sont des bactéries largement présentes dans le sol et l'eau. Ils ont la capacité de sporuler, ce qui leur permet de résister dans de nombreux environne-ments. Les souches de *C. botulinum* sécrètent des neurotoxines entraînant une neuro-paralysie. Ainsi, *C. botulinum* peut être responsable du botulisme alimentaire résul-tant de l'ingestion de toxines préformées dans des aliments. Les charcuteries et les conserves de viande mal stérilisées sont des produits à risque, car *C. botulinum* est capable de se multiplier en conditions anaérobies et de produire sa toxine (Johnson, 2006). Les toxi-infections dues aux toxines de *C. botulinum* restent rares, mais poten-tiellement mortelles. La viande de porc est le principal produit impliqué (EFSA, 2011). Les membres de l'espèce *C. perfringens* de type A sécrètent une toxine qui peut entraîner des diarrhées et des crampes abdominales survenant 6 à 18 heures après l'ingestion d'un aliment contaminé. Les viandes préparées à l'avance, insuffisamment cuites et stockées avant leur consommation dans des conditions permissives, sont des produits particulièrement à risque (Johnson et Gerding, 1997 ; tableau 4.1).

Certaines souches de *Staphylococcus aureus* peuvent produire des entérotoxines émétiques. Ces toxines thermorésistantes provoquent, dans un court délai après l'ingestion, des vomissements intenses, des crampes abdominales et des diarrhées. *S. aureus* est très présent au niveau de la peau et des muqueuses des animaux à sang chaud et 30 à 50 % des hommes sont porteurs. Les viandes sont contaminées le plus souvent lors de leur manipulation et, à la faveur d'une rupture de la chaîne du froid, *S. aureus* peut se multiplier et produire ses toxines (Le Loir *et al.*, 2003). Les viandes et les produits carnés ont été impliqués dans environ 17 % des toxi-infections collec-tives dues à *S. aureus* (tableau 4.1 ; EFSA, 2011). Parmi les viandes, celles de volaille sont le plus couramment impliquées (Mor-Mur et Yuste, 2010).

▶▶ Les principales flores d'altération rencontrées dans les produits carnés

Malgré leur poids dans l'économie de la filière viande, les espèces bactériennes responsables de l'altération des produits carnés sont relativement moins étudiées par les microbiologistes que les bactéries pathogènes ou les bactéries d'intérêt technologique. Il n'existe pas de réglementation quant à leur détection et le niveau de population acceptable. Par ailleurs, il est souvent difficile de faire le lien entre une altération avérée et l'activité d'une ou de plusieurs flores. En effet, la concomitance d'un phénomène d'altération et l'isolement d'une flore donnée ne signifie pas forcément que les deux phénomènes sont corrélés, l'altération résultant de phénomènes multiples. On sait également que certaines souches d'espèces, généralement considérées comme bénéfiques, peuvent s'avérer altérantes suite à un développement excessif ou dans une matrice particulière. Ainsi, certaines espèces du genre *Carnobacterium* peuvent être considérées comme bénéfiques, voire comme des cultures protectrices, mais aussi dans certaines conditions comme des agents d'altération des produits carnés (Leisner *et al.*, 2007).

Il est cependant possible d'établir un inventaire des principales espèces bactériennes qui sont potentiellement impliquées dans les phénomènes d'altération, et dont la présence et le développement devraient être contrôlées. Parmi les plus prégnantes dans la filière, les *Pseudomonas*, les *Brochothrix* et les entérobactéries sont les mieux documentées.

Les *Pseudomonas* sont les principales bactéries psychrotrophes retrouvées sur les carcasses après refroidissement. La réfrigération permet leur multiplication et la production d'enzymes protéolytiques et lipolytiques responsables d'altérations. Leur présence au niveau des chaînes d'abattage, et en particulier dans les chambres froides, constitue une source permanente de contamination des viandes (Labadie, 1999). *Pseudomonas* est principalement utilisée comme indicateur d'altération des viandes fraîches ou d'un défaut de conditionnement. Sur les carcasses à la sortie de la phase de ressuage, la flore psychrotrophe dominante est essentiellement représentée par les *Pseudomonas*. Ces bactéries restent dominantes dans les produits conditionnés dans des atmosphères avec de l'oxygène (sous film ou sous air), mais leur nombre se réduit de façon significative dans les viandes conditionnées sous vide ou sous atmosphères protectrices, du fait de l'absence d'oxygène et du développement massif de la flore lactique connue pour son rôle compétitif. Dans les produits carnés transformés, l'évolution des *Pseudomonas* reste très dépendante de la charge initiale et du procédé de fabrication. La présence des *Pseudomonas* dans les produits ayant subi un traitement thermique relève d'une recontamination, alors que dans les produits transformés fermentés (salaisons sèches) les *Pseudomonas* sont fortement réduits par l'effet barrière (pH, a_w, potentiel d'oxydoréduction, etc.). Cependant, dans ce type de produit, ces germes peuvent persister et une mauvaise conduite du procédé peut être à l'origine d'altérations diverses, de par le caractère fortement protéolytique de ce genre bactérien : mauvaise liaison, odeurs soufrées, poissage, etc.

Les *Brochothrix* représentent également une flore d'altération psychrotrophe souvent associée aux viandes rouges ou aux produits carnés, en particulier aux viandes conditionnées sous vide. L'espèce *Brochothrix thermosphacta* constitue la seconde flore d'altération qui prédomine dans les viandes fraîches (de l'ordre de 3 log/cm^2) et des produits carnés transformés. Étant anaérobie facultative, la bactérie peut se développer aussi bien sur des produits conservés en aérobiose que sous vide ou sous atmosphères modifiées, mais la dégradation est souvent accentuée en présence d'une atmosphère appauvrie en oxygène. *B. thermosphacta* est altérante, en raison de sa capacité à dégrader les acides aminés, laquelle peut se traduire, en cas de forte contamination de l'aliment, par des défauts d'odeur (rance). Elle est également glucidolytique, provoquant une libération d'acides qui dégradent les pigments des viandes et entraînent des verdissements.

Les entérobactéries sont d'origine intestinale ou environnementale. Bactéries indicatrices, elles peuvent signifier un défaut d'hygiène lors des processus de fabrication, consistant en une contamination fécale, environnementale, une insuffisance des procédés de traitements, un défaut d'hygiène du matériel et des équipements utilisés, ou une contamination croisée. Pour les produits prêts à consommer et conservés sous réfrigération, les entérobactéries peuvent également être indicatrices d'une rupture de la chaîne du froid.

Une liste plus étendue des espèces répertoriées comme potentiellement altérantes est présentée dans le tableau 4.2.

Tableau 4.2. Espèces répertoriées comme potentiellement altérantes (d'après Nychas *et al.*, 2008 et Champomier-Vergès *et al.*, 2010).

Groupe	Espèce	Occurence	Altération
Pseudomonas	*Pseudomonas fragi*	Conservation au froid à l'air	poissage
	Pseudomonas fluorescens	Conservation au froid à l'air	poissage/ verdissement
	Pseudomonas putida	Conservation au froid à l'air	poissage
Brochothrix	*Brochothrix thermosphacta*	Conservation sous atmosphère, modifiée, froid, air	odeur de rance
Entérobactéries	*Moraxella*	Conservation au froid, sous atmosphère, sous vide	
	Serratia (ex S. grimesi, S. proteomaculans)	Conservation au froid, sous atmosphère, sous vide	
	Hafnia alvei	Conservation au froid, sous atmosphère, sous vide	odeurs soufrées
	Rahnella aquatilis	Conservation au froid, sous atmosphère, sous vide	
	Schewanella		verdissement
Bactéries lactiques	*Leuconostoc gasicomitatum*	Conservation au froid, sous atmosphère, sous vide	gaz
	Leuconostoc gelidum	Conservation au froid, sous atmosphère, sous vide	
	Leuconostoc carnosum	Conservation au froid, sous atmosphère, sous vide	
	Weisella viridescens	Conservation au froid, sous atmosphère, sous vide	verdissement
	Weisella hellenica	Conservation au froid, sous atmosphère, sous vide	poissage
	Carnobacterium divergens	Conservation au froid, sous atmosphère, sous vide	
	Carnobacterium maltaromaticum	Conservation au froid, sous atmosphère, sous vide	
	Clostridium estertheticum	Conservation au froid, sous atmosphère, sous vide	gaz/gonflement emballage

▸▸ Les applications de la biopréservation

Les produits carnés fermentés

Depuis l'Antiquité, l'homme a utilisé la fermentation des viandes comme mode de conservation. Il faudra attendre le début du XXe siècle pour comprendre le rôle des micro-organismes dans ce processus. En 1940, Jensen et Paddock sont les premiers à décrire l'importance des bactéries lactiques pour la fabrication du saucisson, qui réduisent le temps de fermentation, limitent les défauts de fabrication, améliorent les qualités sensorielles et inhibent le développement des flores pathogènes et d'altération (Liepe, 1983). Aussi, des coques à Gram positif et catalase-positifs ont été introduits, comme ferments, dès les années 1950 (Niinivaara, 1955). Depuis, ils sont particulièrement utilisés lors des processus de fermentation lente à basse température et en présence de nitrate, comme c'est souvent le cas en Europe. Il a été montré que les coques jouent un rôle fondamental dans le développement de la couleur des produits, en réduisant les nitrates en nitrites (Talon *et al.*, 1999). Ainsi, les ferments bactériens pour les produits carnés sont souvent composés d'un équilibre entre des bactéries lactiques (*Lactobacillus, Pediococcus*) et des coques à Gram positif et catalase-positifs (*Staphylococcus, Kocuria*) (tableau 4.3) (Lücke, 2000). L'addition de ferments permet de garantir les qualités sanitaires et sensorielles des produits carnés fermentés, tels que le saucisson. Dans ces produits, les ferments sont ensemencés à un taux de 10^6 cellules revivifiables/g de mêlée (Fournaud, 1990). Ainsi, les bactéries utilisées comme ferment jouent à la fois un rôle dans les processus de fermentation et de maturation, mais également en tant que cultures protectrices (Lücke, 2000 ; Vignolo et Fadda, 2007).

Tableau 4.3. Principales espèces utilisées comme ferment en salaison.

Bactéries	Espèce
Bactéries lactiques	*Lactobacillus curvatus*
	Lactobacillus pentosus
	Lactobacillus plantarum
	Lactobacillus sakei
	Pediococcus acidilactici
	Pediococcus pentosaceus
Coques à Gram positif catalase-positifs	*Kocuria varians*
	Staphylococcus carnosus
	Staphylococcus xylosus

Les ferments dans les produits carnés fermentés participent au concept de barrière ou *hurdle concept*. Ils font ainsi partie des différents obstacles permettant de limiter le développement des bactéries pathogènes ou d'altération, lors de la transformation des produits. Le concept de barrière, introduit par Leistner (1978), préconise l'application d'une combinaison de multiples facteurs de préservation pour contrôler les bactéries indésirables. Parmi ces facteurs, on peut souligner l'importance de la température, de l'activité de l'eau, de l'acidification, du potentiel redox, des additifs tels que le nitrite et le sorbate, et des micro-organismes compétiteurs (Leistner, 2000).

Les bactéries lactiques sont reconnues comme ayant un rôle positif sur les qualités hygiéniques du saucisson *via* l'inhibition de bactéries pathogènes, telles que *L. monocytogenes*, *S. aureus*, et *Salmonella*, ou de bactéries d'altération, comme les *Pseudomonas* et les entérobactéries (Hugas, 1998 ; Talon *et al.*, 2002 ; Aymerich *et al.*, 2006). La principale activité inhibitrice des bactéries lactiques est attribuée à la production d'acides organiques, notamment lactique et acétique. Ces acides sont en effet responsables de la diminution du pH, qui atteint, en fin d'étuvage, des valeurs voisines de 5,0. La fraction non dissociée de l'acide lactique a également des effets bactériostatiques. Sous cette forme, l'acide pénètre dans les bactéries et inhibe les activités métaboliques intracellulaires (Weber, 1994). Les bactéries lactiques peuvent également inhiber des bactéries pathogènes et d'altération, grâce à la propriété de certaines souches à produire des bactériocines. En général, les bactériocines inhibent des espèces taxonomiquement proches de la souche productrice (Tagg *et al.*, 1976 ; Klaenhammer, 1993). Les bactériocines, qui sont uniquement actives contre les bactéries à Gram positif, appartiennent à un groupe hétérogène de peptides et de protéines, qui se différencient par leurs spectres antimicrobiens, leurs mécanismes d'action et leurs propriétés biochimiques. L'action des bactériocines dans les produits carnés peut être cependant limitée, car celles-ci se lient le plus souvent à la matrice et sont dégradées par les protéases tissulaires (Schillinger *et al.*, 1996). Cependant, des études ont montré que l'utilisation de souches productrices de bactériocines dans des produits carnés fermentés pouvait limiter la croissance de bactéries pathogènes (Leroy et De Vuyst, 2005). Dans des saucissons modèles, le nombre de *L. monocytogenes* a été significativement réduit par la présence d'une souche de *Pediococcus acidilactici* productrice de pédiocine, mais ceci uniquement si les conditions de pH étaient inférieures à 4,9 en fin de fermentation (Foegeding *et al.*, 1992). Dans des études plus récentes, des souches de *P. acidilactici* productrices de bactériocines ont montré leur efficacité à réduire significativement une population de *Listeria* dans des saucissons traditionnels portugais et espagnols (Albano *et al.*, 2009 ; Nieto-Lozano *et al.*, 2010). L'addition, en tant que ferment, d'une souche de *Lactobacillus plantarum* productrice de bactériocine, a permis de limiter la croissance de *L. monocytogenes* dans des salamis artificiellement contaminés et d'éliminer la population indigène dans des salamis (Campanini *et al.*, 1993). L'étude de Hugas *et al.* (1995) a montré qu'une souche de *Lactobacillus sakei* productrice de sakacine K était plus efficace pour diminuer le nombre de *L. monocytogenes* qu'une souche non productrice dans des saucissons. Des résultats similaires ont été obtenus avec une souche de *Lactobacillus curvatus* produisant de la curvacine (Hugas *et al.*, 2002). Si toutes ces études montrent qu'il est possible d'inhiber ou de limiter la croissance de *L. monocytogenes* par l'utilisation de souches de bactéries lactiques productrices de bactériocines, il n'en est pas de même avec *S. aureus*, vis-à-vis de laquelle les bactéries lactiques sont inefficaces (Lücke, 2000).

Les coques à Gram positif et catalase-positifs peuvent aussi jouer un rôle de culture protectrice. L'étude de Papamanoli *et al.* (2002) a montré que la grande majorité des souches de *Staphylococcus xylosus*, *Staphylococcus carnosus* et *Kocuria varians* isolées de saucissons, avaient une activité antimicrobienne contre *L. monocytogenes*. Une souche de *S. xylosus* productrice d'une molécule anti-*Listeria in vitro* s'est révélée efficace pour inhiber *L. monocytogenes* dans des saucissons italiens (Villani *et al.*, 1997). Dans leur étude, Lahti *et al.* (2001) avaient utilisé des ferments commerciaux pour limiter la croissance de *L. monocytogenes* et d'*E. coli* O157:H7 dans des saucissons. Ils ont montré que le ferment constitué de *S. xylosus*, *P. acidilactici* et *Lactobacillus bavaricus* permettait de diminuer rapidement le nombre de *L. monocytogenes*. Le mélange constitué de *S. carnosus* et de *L. curvatus* était, pour sa part, efficace pour diminuer le nombre de *E. coli* O157:H7, sans toutefois être à même de les éliminer complètement.

En dehors des bactéries couramment utilisées comme ferment, des essais de biopréservation ont été réalisés dans des saucissons de type espagnol *via* une souche d'*Enterococcus faecium* et une d'*Enterococcus faecalis* productrices de bactériocines (Callewaert *et al.*, 2000). Ces souches ont fortement inhibé la croissance de *Listeria* dans les saucissons, montrant une activité inhibitrice plus importante que des bactéries lactiques. Il faut noter que les souches testées n'étant pas d'origine carnée, elles ont été capables de se maintenir pendant la phase de fermentation, mais n'étaient plus présentes en fin de séchage. L'utilisation de souches du genre *Enterococcus* dans les produits carnés pourrait être prometteuse, mais les souches utilisées doivent alors être strictement contrôlées, en raison du risque pathogène lié à certaines souches (Hugas *et al.*, 2003).

Produits carnés frais

Si dans les produits carnés fermentés, la notion et les applications de la biopréservation apparaissent naturelles, voire ont à ce niveau leur origine, il n'en est pas de même pour les produits frais. La fermentation est, certes, une méthode ancestrale de biopréservation, mais qui dit fermentation, dit transformation. La fermentation peut, en effet, être définie comme une « réaction biochimique de libération d'énergie à partir d'un substrat organique, sous l'action d'enzymes microbiennes et production de composés autres ». L'effet biopréservant résulte donc d'un effet de transformation du produit : les paramètres physicochimiques étant modifiés, l'écosystème s'en trouve affecté, avec des conséquences positives sur la sécurité microbiologique de ces produits. Dans le cas de la viande fraîche, en revanche, l'enjeu est bien de conserver au produit toutes ses qualités organoleptiques initiales, mais en modifiant sensiblement l'équilibre de la flore en faveur des flores positives, sans pour autant initier de transformation par le biais de fermentations. C'est une voie pour laquelle les enjeux économiques et sanitaires sont importants, mais les contraintes scientifiques et technologiques sont également élevées.

Des études ont montré une corrélation entre la présence en nombre élevé de certaines bactéries lactiques et la présence en nombre restreint de certaines bactéries pathogènes (Vermeiren *et al.*, 2004 ; Vold *et al.*, 2000). L'utilisation de bactéries lactiques comme agents bio-préservants de la viande fraîche a déjà été proposée dans le passé, mais se limitait à l'utilisation de souches spécifiques, généralement productrices de bactériocines et ciblant principalement des bactéries pathogènes, notamment *L. monocytogenes*. En effet, le criblage de souches de bactéries lactiques pour leurs propriétés inhibitrices vis-à-vis de cette espèce pathogène, s'est révélé très fructueux, et la littérature rapporte à ce propos de nombreux exemples. En revanche, une application efficace dans les produits carnés frais est plus rarement décrite. Le tableau 4.4 présente quelques exemples d'application de cultures protectrices dans des produits carnés frais.

De nombreux essais dans ce domaine concernant la viande fraîche ont été réalisés par des équipes argentines (Castellano et Vignolo, 2006). À côté de l'utilisation de souches uniques sélectionnées pour une propriété inhibitrice donnée, les nouveaux concepts pour la biopréservation évoluent vers l'utilisation de mélanges de souches de différentes espèces, mais aussi de la même espèce. Dans ce cas, les enjeux ne sont plus d'inhiber le développement d'une bactérie cible, mais plutôt d'agir comme barrière à l'encontre du développement de la flore globale négative des produits frais, avec comme corollaire une augmentation de la durée de conservation des produits.

Tableau 4.4. Exemples d'applications de la bioconservation dans la viande fraîche.

Micro-organisme	Effet /domaine d'application	Mécanisme	Référence
Cocktail de souches de *L. sakei*	Viande d'agneau		Jones *et al.*, 2010
Cocktail de souches de *L. sakei*	Viande agneau		Jones *et al.*, 2009
Lactobacillus curvatus CRL 705	Inhibition de *L. innocua* et *B. thermosphacta*, viande de bœuf sous vide	bactériocine	Castellano et Vignolo, 2006
L. sakei CECT408 *L. curvatus* CECT404	Diminution altération viande de bœuf sous vide	bactériocine	Katikou *et al.*, 2005

Des bactéries anaérobies ont été étudiées, en tant que flores de compétition et d'exclusion (appelées produits CE) de flores pathogènes dans le système gastro-intestinal de la volaille. Les produits CE, tel que le BROILACT ingéré par les volailles et efficace vis-à-vis de *Salmonella*, donnent des résultats mitigés sur *Campylobacter* (Aho *et al.*, 1992 ; Hakkinen et Schneitz, 1999). Des souches d'origine aviaire de *Lactobacillus acidophilus* et d'*E. faecium* pourraient permettre, après ingestion, une réduction de 70 % du taux de *C. jejuni* dans les fèces de volailles (Morishita *et al.*, 1997).

Plus récemment, ont été étudiées les possibilités d'utiliser des bactériocines ou des substances antimicrobiennes produites par des bactéries d'origine aviaire (*Paenibacillus polymyxa, Lactobacillus salivarius, E. faecium*) dans l'alimentation des volailles, afin de lutter contre la colonisation de ces volailles, voire de réduire de 2 à plus de 6 log leur portage intestinal par *Campylobacter* (Lin, 2009 ; Svetoch et Stern, 2010 ; Svetoch *et al.*, 2011*)*.

Maragkoudakis *et al.* (2009) ont étudié l'impact de cultures protectrices *Lactobacillus fermentum* et *E. faecium* dans la viande de volaille sur la croissance, respectivement de *L. monocytogenes* et de *S.* Enteritidis. La différence de niveau de contamination avec les témoins en *L. monocytogenes* et *S.* Enteritidis, dans de la viande de volaille hachée, est respectivement de 0,7 et 1,2 log au bout de 7 jours à 7 °C. Cet effet

Tableau 4.5. Effet de souches de bactéries lactiques ou d'entérocoques producteurs de bactériocines sur *Listeria* et sur la flore d'altération, dans divers produits carnés transformés.

Produit	Conditions de stockage	Souche utilisée et concentration	Bactérie cible et concentration	Effet comparé au témoin	Référence
Saucisse « Alheira »	Sous vide / 54 j / 5 °C	*P. acidilactici* HA-6111-2 10^9 UFC/ml	*L. innocua* 10^5 UFC/ml	Réduction de 4 log	Albano *et al.*, 2009
Jambon cuit tranché	Sous vide / 7 j / 4 °C, 53 j / 8 °C	*L. sakei* 2512 10^6 UFC/cm^2	*L. innocua* $3\ 10^3$ UFC/cm^2	Réduction < 1 log	Héquet *et al.*, 2007
Jambon cuit tranché	Sous vide / 10 j / 8 °C	*L. sakei* 1 10^6 UFC/g	*L. monocytogenes* 10^2 UFC/g	Inhibition de croissance	Alves *et al.*, 2006
Jambon cuit tranché modèle	Sous vide / 42 j / 7 °C	*L. sakei* 148 10^5 ou 10^6 UFC/g	*L. monocytogenes* 10^2 UFC/g	Croissance	Veirmeren *et al.*, 2006a
Jambon cuit tranché modèle	Sous vide / 42 j / 7 °C	*L. sakei* 148 10^5 UFC/g	*B. thermosphacta*, *L. mesenteroides* 10^2 UFC/g	Croissance	Veirmeren *et al.*, 2006b
Saucisse de porc modèle	9 j / 20 °C	*E. faecalis*, *E. faecium* 10^7 UFC/g	*L. monocytogenes* 10^3 UFC/g	Réduction de 1 à 3 log	Ananou *et al.*, 2005
Merguez de bœuf	11 j / 7 °C, 22 °C	*L. lactis* subsp. *lactis* M 10^8 UFC/g	*L. monocytogenes* 10^5 UFC/g	Réduction de 0,5 log puis croissance	Benkerroum *et al.*, 2003
Saucisse de porc cuite tranchée	Sous vide / 21 j / 5 °C	*L. carnosum* DMRICC 4010 10^5et 10^7 UFC/g	*L. monocytogenes* 10^4 UFC/g	Réduction de 2 à 3 log	Budde *et al.*, 2003
Saucisse fumée cuite tranchée	Atmosphère / 4 semaines / 5 ou 10 °C	*L. carnosum* DMRICC 4010 10^7 UFC/g	*L. monocytogenes* 10 UFC/g	Inhibition de croissance	Jacobsen *et al.*, 2003

Produit	Conditions de stockage	Souche utilisée et concentration	Bactérie cible et concentration	Effet comparé au témoin	Référence
Épaule de porc tranchée fumée cuite	Sous vide ou atmosphère / 28 j / 4 °C	*L. mesenteroides* L124 et *L. curvatus* L442 10^5 UFC/g	*L. innocua* 10^3 UFC/ml	Réduction de 1,5 log	Mataragas *et al.*, 2003
Épaule de porc tranchée fumée cuite	Sous vide ou atmosphère / 28 j / 4 °C	*L. mesenteroides* L124 et *L. curvatus* L442 10^4 UFC/g	*B. thermosphacta*, entérocoques	Réduction de 1,5 log	Metaxopoulos *et al.*, 2002
Porc cuit tranché	Sous vide, sous film ou atmosphère / 7 j / 7 °C	*L. sakei* CTC494 10^6 UFC/g	*L. innocua* 2.10^2 UFC/g	Réduction de 1 log sous vide ; inhibition de croissance sous atmosphère ; croissance sous film	Hugas *et al.*, 1998
Saucisse de veau cuite	Sous vide / 8 j / 25 °C	*P. acidilactici* JBL1095 10^5 UFC/g	*L. monocytogenes* 10^5 UFC/g	Réduction de 2,7 log	Degnan *et al.*, 1992
Saucisse de porc crue	13 j / 8 °C	*L. sakei* Lb706 10^5 UFC/g	*L. monocytogenes* 10^3 UFC/g	Réduction de 1 log puis croissance	Schillinger *et al.*, 1991

est significatif, mais le niveau de contamination initial est très élevé (5 log UFC/g) et éloigné des faibles taux de contamination naturelle. Très peu d'études se sont intéressées à l'application de cultures protectrices au niveau de la viande de volaille, certainement en liaison avec le fait que peu de lactobacilles ont un effet bactéricide reconnu contre les bactéries à Gram négatif qui sont les principales bactéries pathogènes de la volaille, soit *Campylobacter* et *Salmonella* (Zamfir *et al.*, 1999 ; De Kwaadsteniet *et al.*, 2005 ; Gong *et al.*, 2010 ; Svetoch *et al.*, 2011), et contre les bactéries d'altération, comme notamment *Pseudomonas fluorescens* (Abdel-Mohsein *et al.*, 2011).

Les produits transformés

Les premières publications scientifiques démontrant l'effet protecteur des cultures microbiennes contre les flores pathogènes et d'altération, dans les produits carnés transformés, sont apparues au début des années 1990. La plupart des approches consistent à inoculer dans le produit des souches de bactéries lactiques ou d'enté-rocoques produisant des bactériocines, afin d'inhiber la croissance de *L. monocy-togenes*, de *Listeria innocua* ou de flores altérantes (*B. thermosphacta*, *Leuconostoc mesenteroides*, entérocoques, etc.) (tableau 4.5). La culture protectrice, dont la concentration est généralement de l'ordre de 10^5 à 10^7 UFC/g, est soit incorporée dans la mêlée, soit pulvérisée à la surface du produit tranché.

Une autre approche consiste à sélectionner des souches de bactéries lactiques psychrotrophes, non productrices de bactériocines, mais qui supplantent la crois-sance des autres bactéries psychrotrophes par un taux de croissance rapide et la production importante d'acide lactique. Cette approche permet principalement d'augmenter la durée de vie du produit en freinant la croissance de la flore d'al-tération (Björkroth et Korkeala, 1997 ; Kotzekidou et Bloukas, 1998 ; Hu *et al.*, 2008 ; Vasilopoulos *et al.*, 2010). Par ailleurs, l'utilisation de souches de bactéries lactiques non productrices de bactériocines, en particulier des souches de *L. sakei*, ont d'ores et déjà démontré tout leur intérêt vis-à-vis de l'inhibition de la crois-sance de *Listeria* dans les saucisses et produits carnés cuits tranchés (Bredholt *et al.*, 1999, 2001).

L'utilisation des cultures protectrices a également été expérimentée sur d'autres flores pathogènes, telles que *S. aureus*, *Y. enterocolitica*, *E. coli* O157:H7 ou *S.* Ente-ritidis, avec plus ou moins de succès. Ainsi, Ananou *et al.* (2005) ont démontré l'effi-cacité d'une souche d'*E. faecalis* productrice de la bactériocine AS-48, inoculée à 10^7 UFC/g, dans une saucisse de porc modèle, sur l'inhibition de *S. aureus*, dont la concentration était réduite de 1 log au bout de 9 jours à 20 °C. Bredholt *et al.* (1999) ont montré que l'inoculation de 4 à 5 log de souches de *L. sakei* inhibe la croissance de *E. coli* O157:H7 sur du jambon cuit tranché sous vide et sur des saucisses norvé-giennes type Cervelas, mais non celle de *Y. enterocolitica*. Par ailleurs, Kotzekidou et Bloukas (1998) ont démontré que l'application d'une culture commerciale de *Lactobacillus alimentarius* (réassignée à l'espèce *L. sakei* en 1998) (Flora-Carn L-2) dans une saucisse grecque tranchée sous vide, appelée « Pariza », n'inhibait pas la croissance de *S.* Enteritidis.

L'efficacité d'une culture protectrice contre la croissance de la flore pathogène ou d'altération peut être dépendante de la taille de l'inoculum (Budde *et al.*, 2003 ; Ananou *et al.*, 2005 ; Veirmeren *et al.*, 2006a, 2006b). Celle-ci est également très dépendante du produit dans lequel elle est utilisée. En effet, les teneurs en sels et en nitrites, le pH et les conditions de stockage (température et conditionnement) du produit, peuvent agir sur la croissance d'une souche ou sa capacité à produire des bactériocines (Hugas *et al.*, 1998 ; Bredholt *et al.*, 1999 ; Benkerroum *et al.*, 2003 ; Jacobsen *et al.*, 2003). Ainsi, l'efficacité d'une culture donnée doit être évaluée pour chaque produit testé.

L'acceptabilité sensorielle des produits ainsi biopréservés doit ensuite être évaluée par un jury de consommateurs, car les ingrédients entrant dans la formulation d'un produit peuvent influer sur le comportement métabolique de la culture protectrice, et donc sur la qualité sensorielle du produit fini. Ainsi, certaines espèces utilisées dans des cultures bioprotectrices sont signalées comme flores altérantes possibles des produits de charcuterie conditionnés sous atmosphère modifiée ou sous vide, comme *L. mesenteroides* (saucisse de Vienne, Franz et Von Holy, 1996 ; Dykes *et al.*, 1994), *Leuconostoc carnosum* (saucisse de Vienne, Franz et Von Holy, 1996, ou jambon cuit, Vasilopoulos *et al.*, 2008), *L. sakei* et *L. curvatus* (Franz et Von Holy, 1996 ; Dykes et Von Holy, 1994) et *E. faecalis* (Vasilopoulos *et al.*, 2008). Le choix des souches est donc déterminant. L'impact sensoriel d'une culture bioprotectrice sur le produit est très souvent pris en compte dans les études existantes (Kotzekidou et Bloukas, 1998 ; Bredholt *et al.*, 1999 et 2001 ; Metaxopoulos *et al.*, 2002 ; Albano *et al.*, 2009 ; Vasilopoulos *et al.*, 2010).

Les résultats prometteurs des études scientifiques disponibles ont fortement encouragé le développement et la commercialisation, par les vendeurs de ferments, d'une vaste diversité de cultures protectrices capables d'inhiber la croissance de *Listeria* et de la flore d'altération dans les produits carnés cuits et/ou tranchés, conditionnés sous vide ou sous atmosphère modifiée. Ces cultures sont à présent largement utilisées dans l'industrie des produits transformés, soit dans le but de constituer une barrière supplémentaire contre les flores pathogènes (Bactoferm F-Lc, Chr hansen-Danemark ; ALCMix1, Danisco-Danemark), soit dans le but d'allonger la durée de vie microbiologique du produit (ALTA^{TM} 2351, Quest International, Pays-Bas).

▶▶ Références bibliographiques

ABDEL-MOHSEIN H.S., SASAKI T., TADA C., NAKAI Y., 2011. Characterization and partial purification of a bacteriocin-like substance produced by thermophilic *Bacillus licheniformis* H1 isolated from cow manure compost. *Animal Science Journal*, 82, 340-351.

AHO M., NUOTIO L., NURMI E., KIISKINEN T., 1992. Competitive exclusion of campylobacters from poultry with K-bacteria and Broilact. *Int. J. Food Microbiol.*, 15, 265-275.

ALBANO H., PINHO C., LEITE D., BARBOSA J., SILVA J., CARNEIRO L., MAGALHÃES R., HOGG T., TEIXEIRA P., 2009. Evaluation of a bacteriocin-producing strain of *Pediococcus acidilactici* as a biopreservative for "Alheira", a fermented meat sausage. *Food Control*, 20, 764-770.

ALVES V.F., MARTINEZ R.C.R., LAVRADOR M.A.S., DE MARTINIS E.C.P., 2006. Antilisterial activity of lactic acid bacteria inoculated on cooked ham. *Meat Sci.*, 74, 623-627.

ANANOU S., MAQUEDA M., MARTÍNEZ-BUENO M., GÁLVEZ A., VALDIVIA E., 2005. Control of *Staphylococcus aureus* in sausages by enterocin AS-48. *Meat Sci.*, 71, 549-556.

AYMERICH T., GARRIGA M., JOFRÉ A., MARTÍN B., MONFORT J.M., 2006. The use of bacteriocins against meat-borne pathogens. *In: Advanced Technologies for Meat Processing* (Nollet L.M.L., Toldra F., eds), CRC Press, Taylor and Francis group, New York, Chapter 15, pp. 371-399.

BENKERROUM N., DAOUDI A., KAMAL M., 2003. Behaviour of *Listeria monocytogenes* in raw sausages (merguez) in presence of a bacteriocin-producing lactococcal strain as a protective culture. *Meat Sci.*, 63, 479-484.

BJÖRKROTH J., KORKEALA H., 1997. Ropy slime-producing *Lactobacillus sake* strains possess a strong competitive ability against a commercial biopreservative. *Int. J. Food Microbiol.*, 38, 117-123.

BOHAYCHUK V.M., GENSLER G.E., KING R.K., MANNINEN K.I., SORENSEN O., WU J.T., STILES M.E., McMULLEN L.M., 2006. Occurrence of pathogens in raw and ready-to-eat meat and poultry products collected from the retail marketplace in Edmonton, Alberta, Canada. *J. Food Prot.*, 69, 2176-2182.

BREDHOLT S., NESBAKKEN T., HOLCK A., 1999. Protective cultures inhibit growth of *Listeria monocytogenes* and *Escherichia coli* O157:H7 in cooked, sliced, vacuum- and gas-packaged meat. *Int. J. Food Microbiol.*, 53, 43-52.

BREDHOLT S., NESBAKKEN T., HOLCK A., 2001. Industrial application of an antilisterial strain of *Lactobacillus sakei* as a protective culture and its effect on the sensory acceptability of cooked, sliced, vacuum-packaged meats. *Int. J. Food Microbiol.*, 66, 191-196.

BUDDE B.B., HORNBAEK T., JACOBSEN T., BARKHOLT V., KOCH A.G., 2003. *Leuconostoc carnosum* 4010 has the potential for use as a protective culture for vacuum-packed meats: culture isolation, bacteriocin identification, and meat application experiments. *Int. J. Food Microbiol.*, 83, 171-184.

CALLEWAERT R., HUGAS M., DE VUYST L., 2000. Competitiveness and bacteriocin production of *Enterococci* in the production of Spanish-style dry fermented sausages. *Int. J. Food Microbiol.*, 57, 33-42.

CAMPANINI M., PEDRAZZONI I., BARBUTI S., BALDINI P., 1993. Behaviour of *Listeria monocytogenes* during the maturation of naturally and artificially contaminated salami: effect of lactic-acid bacteria starter cultures. *Int. J. Food Microbiol.*, 20, 169-175.

CASTELLANO P., VIGNOLO G., 2006. Inhibition of *Listeria innocua* and *Brochothrix thermosphacta* in vacuum-packaged meat by addition of bacteriocinogenic *Lactobacillus curvatus* CRL705 and its bacteriocins. *Lett. Appl. Microbiol.*, 43, 194-199.

CHAMPOMIER-VERGÈS M.C., ANBA J., CHAILLOU S., ZAGOREC M., 2010. Sécurité microbiologique de la viande bovine, *In : Muscle et viande ruminant* (Bauchart D., Picard B., eds), Éditions Quae, pp. 221-231.

DAUBE G., 2002. Micro-organismes pathogènes et viande : la traçabilité alliée de la sécurité. *Bulletin de la Société Royale des Sciences de Liège*, 71, 11-30.

DE KWAADSTENIET M., TODOROV S.D., KNOETZE H., DICKS L.M., 2005. Characterization of a 3944 Da bacteriocin, produced by *Enterococcus mundtii* ST15, with activity against Gram-positive and Gram-negative bacteria. *Int. J. Food Microbiol.*, 105, 433-444.

DEGNAN J.A., YOUSSEF A.E., LUCHANSKY J.B., 1992. Use of *Pediococcus acidilactici* to control *Listeria monocytogenes* in temperature-abused vaccum-packaged wieners. *J. Food Prot.*, 55, 98-103.

DYKES G.A., VON HOLY A., 1994. Taxonomic status of atypical *Lactobacillus sake* and *Lactobacillus curvatus* strains associated with vacuum packaged meat spoilage. *Curr. Microbiol.*, **28**, 197-200.

DYKES G.A., CLOETE T.E., VON HOLY A., 1994. Identification of *Leuconostoc* species associated with the spoilage of vacuum packaged Vienna sausage by DNA–DNA hybridization. *Food Microbiol.*, **11**, 271-274.

EFSA, 2011. The European Union summary report on trends and sources of zoonoses, zoonotic agents and food-borne outbreaks in 2009. *EFSA J.*, 9, 2090-2468.

FOEGEDING P.M., THOMAS A.B., PILKINGTON D.H., KLAENHAMMER T.R., 1992. Enhanced control of *Listeria monocytogenes* by *in situ*-produced pediocin during dry fermented sausage production. *Appl. Environ. Microbiol.*, 58, 884-890.

FOURNAUD J., 1990. Saucisson sec : fabrication, *In: Encyclopédie de la Charcuterie* (Frentz J.-C., Zert P., eds), Soussana, France, pp. 664-670.

FRANZ C.M.A.P., VON HOLY A., 1996. Bacterial populations associated with pasteurized vacuum-packed Vienna sausages. *Food Microbiol.*, 13, 165-174.

FREDRIKSSON-AHOMAA M., STOLLE A., SIITONEN A., KORKEALA H., 2006. Sporadic human *Yersinia enterocolitica* infections caused by bioserotype 4/O:3 originate mainly from pigs. *J. Med. Microbiol.*, 55, 747-749.

GONG H.S., MENG X.C., WANG H., 2010. Mode of action of plantaricin MG, a bacteriocin active against *Salmonella typhimurium*. *J. Basic Microbiol.*, 50 Suppl., S37-45.

HAKKINEN M., SCHNEITZ C., 1999. Efficacy of a commercial competitive exclusion product against *Campylobacter jejuni*. *Brit. Poult. Sci.*, 40, 619-621.

HÉQUET A., LAFFITTE V., SIMON L., DE SOUSA-CAETANO D., THOMAS C., FREMAUX C., BERJEAUD J.M., 2007. Characterization of new bacteriocinogenic lactic acid bacteria isolated using a medium designed to simulate inhibition of *Listeria* by *Lactobacillus sakei* 2512 on meat. *Int. J. Food Microbiol.*, 113, 67-74.

HU P., XU X.L., ZHOU G.H., HAN Y.Q., XU B.C., LIU J.C., 2008. Study of the *Lactobacillus sakei* protective effect towards spoilage bacteria in vacuum packed cooked ham analyzed by PCR-DGGE. *Meat Sci.*, 80, 462-469.

HUGAS M., GARRIGA M., AYMERICH M.T., MONFORT J.M., 1995. Inhibition of *Listeria* in dry fermented sausages by the bacteriocinogenic *Lactobacillus sake* CTC494. *J. Appl. Microbiol.*, 79, 322-330.

HUGAS M., 1998. Bacteriocinogenic lactic acid bacteria for the biopreservation of meat and meat products. *Meat Sci.*, 49, S139-150.

HUGAS M., PAGÉS F., GARRIGA M., MONFORT J.M., 1998. Application of the bacteriocinogenic *Lactobacillus sakei* CTC494 to prevent growth of *Listeria* in fresh and cooked meat products packed with different atmospheres. *Food Microbiol.*, 15, 639-650.

HUGAS M., GARRIGA M., AYMERICH M.T., MONFORT J.M., 2002. Bacterial cultures and metabolites for the enhancement of safety and quality in meat products. *In: Research Advances in the Quality of Meat and Meat Products* (Toldra F., ed.), Research Signpost, ISBN: 81-7736-125-2, Chapter 12, pp. 225-247.

HUGAS M., GARRIGA M., AYMERICH M.T., 2003. Functionalty of enterococci in meat products. *Int. J. Food Microbiol.*, 88, 223-233.

HUMPHREY T., JØRGENSEN F., 2006. Pathogens on meat and infection in animals – Establishing a relationship using *campylobacter* and *salmonella* as examples. *Meat Sci.*, 74, 89-97.

JACOBSEN T., BUDDE B.B., KOCH A.G., 2003. Application of *Leuconostoc carnosum* for biopreservation of cooked meat products. *J. Appl. Microbiol.*, 95, 242-249.

JENSEN L.B., PADDOCK L.S., 1940. Sausage treatment. US Patent 2,225,783.

JOHNSON E.A., 2006. Neurotoxigenic Clostridia. *In:* Gram-positive pathogens (Fischetti V.A., Novick R.P., Ferretti J.J., Portnoy D.A., Rood J.I., eds), ASM Press, Washington, D.C., pp. 688-702.

JOHNSON S., GERDING D., 1997. Enterotoxemic infections. *In:* The Clostridia: Molecular Biology and Pathogenesis (Rood J., McClane B.A., Songer J.G., Titball R.W., eds), Academic Press, Londres, pp. 117-140.

JONES R.J., ZAGOREC M., BRIGHTWELL G., TAGG J.R., 2009. Inhibition by *Lactobacillus sakei* of other species in the flora of vacuum packaged raw meats during prolonged storage. *Food Microbiol.*, 26, 876-881.

JONES R.J., WIKLUND E., ZAGOREC M., TAGG J.R., 2010. Evaluation of stored lamb bio-preserved using a three-strain cocktail of *Lactobacillus sakei*. *Meat Sci.*, 86, 955-959.

KATIKOU P., AMBROSIADIS I., GEORGANTELIS D., KOIDIS P., GEORGAKIS S.A., 2005. Effect of *Lactobacillus*-protective cultures with bacteriocin-like inhibitory substances producing ability on microbiological, chemical and sensory changes during storage of refrigerated vacuum-packaged sliced beef. *J. Appl. Microbiol.*, 99, 1303-1313.

KLAENHAMMER T.R., 1993. Genetics of bacteriocins produced by lactic acid bacteria. *FEMS Microbiol. Rev.*, 12, 39-85.

KOTIRANTA A., LUNATMAA K., HAAPASALO M., 2000. Epidemiology and pathogenesis of *Bacillus cereus* infections. *Microbes and Infection/Institut Pasteur*, 2, 189-198.

KOTZEKIDOU P., BLOUKAS J.G., 1998. Microbial and sensory changes in vacuum-packed frankfurter-type sausage by *Lactobacillus alimentarius* and fate of inoculated *Salmonella enteritidis*. *Food Microbiol.*, 15, 101-111.

LABADIE J., 1999. Consequences of packaging on bacterial growth. Meat is an ecological niche, *Meat Sci.*, 52, 299-305.

LAHTI E., JOHANSSON T., HONKANEN-BUZALSKI T., HILL P., NURMI E., 2001. Survival of *Escherichia coli* O157:H7 and *Listeria monocytogenes* during the manufacture of dry sausage using two different starter cultures. *Food Microbiol.*, 18, 75-85.

LE LOIR Y., BARON F., GAUTIER M. 2003. *Staphylococcus aureus* and food poisoning. *Genet. Mol. Res.*, 2, 63-76.

LEISNER J.J., LAURSEN B.G., PRÉVOST H., DRIDER D., DALGAARD P., 2007. *Carnobacterium*: positive and negative effects in the environments and foods. *FEMS Microbiol. Rev.*, 31, 592-613.

LEISTNER L., 1978. Hurdle effect and enrgy saving, *In: Food Quality and Nutrition* (Downey W.K., ed.), Applied Science Publishers, London, U.K., pp. 553-557.

LEISTNER L., 2000. Basic aspects of food preservation by hurdle technology. *Int. J. Food Microbiol.*, 55, 181-186.

LEROY F., DE VUYST L., 2005. Bacteriocin-producing strains in a meat environment. *Microbial Processes and Products*, 18, 369-380.

Les études de FranceAgriMer, 2010. *La consommation des produits carnés en 2009*, édition décembre 2010.

LIEPE H.U., 1983. Starter cultures in meat production, *In : Biotechnology* (Rehm H.-J., Reeds G., eds), 5 (Chapter 8), Pohleim 1, Germany, pp. 400-423.

LIN J., 2009. Novel approaches for *Campylobacter* control in poultry. *Foodborne Pathog. Dis.*, 6, 755-765.

LÜCKE F.-K., 2000. Utilization of microbes to process and preserve meat. *Meat Sci.*, 56, 105-115.

MARAGKOUDAKIS P.A., MOUNTZOURIS K.C., PSYRRAS D., CREMONESE S., FISCHER J., CANTOR M.D., TSAKALIDOU E., 2009. Functional properties of novel protective lactic acid bacteria and application in raw chicken meat against *Listeria monocytogenes* and *Salmonella enteritidis*. *Int. J. Food Microbiol.*, 15, 219-226.

MATARAGAS M., DROSINOS E.H., METAXOPOULOS J., 2003. Antagonistic activity of lactic acid bacteria against *Listeria monocytogenes* in sliced cooked cured pork shoulder stored under vacuum or modified atmosphere at 4±2 °C. *Food Microbiol.*, 20, 259-265.

METAXOPOULOS J., MATARAGAS M., DROSINOS E.H., 2002. Microbial interaction in cooked cured meat products under vacuum or modified atmosphere at 4 °C. *J. Appl. Microbiol.*, 93, 363-373.

MOR-MUR M., YUSTE J., 2010. Emerging bacterial pathogens in meat and poultry: an overview. *Food and Bioprocess Technology*, 3, 24-35.

MORISHITA T.Y., AYE P.P., HARR B.S., COBB C.W., CLIFFORD J.R., 1997. Evaluation of an avian-specific probiotic to reduce the colonization and shedding of *Campylobacter jejuni* in broilers. *Avian Dis.*, 41, 850-855.

NIETO-LOZANO J.C., REGUERA-USEROS J.I., PELÁEZ-MARTÍNEZ M.C., SACRISTÁN-PÉREZ-MINAYO G., GUTIÉRREZ-FERNÁNDEZ A.J., HARDISSON DE LA TORRE A., 2010. The effect of the pediocin PA-1 produced by *Pediococcus acidilactici* against *Listeria monocytogenes* and *Clostridium perfringens* in Spanish dry-fermented sausages and frankfurters. *Food Control*, 21, 679-685.

NIINIVAARA F.P., 1955. On the effect of pure cultures of bacteria on ripening and curing colour development of fermented sausage. Thesis, University of Helsinki, Acta Agralia Fennica 85, 1-128.

NØRRUNG B., BUNCIC S., 2008. Microbial safety of meat in the European Union. *Meat Sci.*, 78, 14-24.

NYCHAS G.J.E., SKANDAMIS P.N., TASSOU C.C., KOUTSOUMANIS K.P., 2008. Meat spoilage during distribution. *Meat Sci.*, 78, 77-89.

PAPAMANOLI E., KOTZEKIDOU P., TZANETAKIS N., LITOPOULOU-TZANETAKI E., 2002. Characterization of *Micrococcaceae* isolated from dry fermented sausage. *Food Microbiol.*, 19, 441-449.

RHOADES J.R., DUFFY G., KOUTSONAMIS K., 2009. Review: Prevalence and concentration of verocytotoxigenic *Escherichia coli*, *Salmonella enterica* and *Listeria monocytogenes* in the beef production chain: A review. *Food Microbiol.*, 26, 357-376.

SCHILLINGER U., KAYA M., LÜCKE F.-K., 1991. Behaviour of *Listeria monocytogenes* in meat and its control by a bacteriocin-producing strain of *Lactobacillus sake*. *J. Appl. Bacteriol.*, 70, 473-478.

SCHILLINGER U., GEISEN R., HOLZAPFEL W.H., 1996. Potential of antagonistic microorganisms and bacteriocins for the biological preservation of foods. *Trends Food Sci. Tech.*, 7, 158-164.

SILVA J., LEITE D., FERNANDES M., MENA C., GIBBS P.A., TEIXEIRA P., 2011. *Campylobacter* spp. as a foodborne pathogen: a review. *Front. Microbiol.*, 2, 200.

SVETOCH E.A., STERN N.J., 2010. Bacteriocins to control *Campylobacter* spp. in poultry - A review. *Poult. Sci.*, 89, 1763-1768.

SVETOCH E.A., ERUSLANOV B.V., LEVCHUK V.P., PERELYGIN V.V., MITSEVICH E.V., MITSEVICH I.P., STEPANSHIN J., DYATLOV I., SEAL B.S., STERN N.J., 2011. Isolation of *Lactobacillus salivarius* 1077 (NRRL B-50053) and characterization of its bacteriocin, including the antimicrobial activity spectrum. *Appl. Environ. Microbiol.*, 77, 2749-54.

TAGG J.R., DAJANI A.S., WANNAMAKER L.W., 1976. Bacteriocins of Gram-positive bacteria. *Bacteriol. Rev.*, 40, 722-756.

TALON R., WALTER D., CHARTIER S., BARRIÈRE C., MONTEL M.C., 1999. Effect of nitrate and incubation conditions on the production of catalase and nitrate reductase by staphylococci. *Int. J. Food Microbiol.*, 52, 47-56.

TALON R., LEROY-SÉTRIN S., FADDA S., 2002. Bacterial starters involved in the quality of fermented meat products, *In*: *Research Advances in the Quality of Meat and Meat Products* (Toldra F., ed.), Chapter 10, Research Signpost, ISBN: 81-7736-125-2, pp. 175-191.

TAUXE R.V., WAUTERS G., GOOSSENS V., VAN NOYEN R., VANDEPITTE J., MARTIN S.M., DE MOL P., THIERS G., 1987. *Yersinia enterocolitica* infections and pork: the missing link. *Lancet*, 329, 1129-1132.

VASILOPOULOS C., RAVYTS F., DE MAERE H., DE MEY E., PAELINCK H., DE VUYST L., LEROY F., 2008. Evaluation of the spoilage lactic acid bacteria in modified-atmosphere-packaged artisan-type cooked ham using culture-dependent and culture-independent approaches. *J. Appl. Microbiol.*, 104, 1341-1353.

VASILOPOULOS C., DE MEY E., DEWULF L., PAELINCK H., DE SMEDT A., VANDENDRIESSCHE F., DE VUYST L., LEROY F., 2010. Interactions between bacterial isolates from modified-atmosphere-packaged artisan-type cooked ham in view of the development of a bioprotective culture. *Food Microbiol.*, 27, 1086-1094.

VERMEIREN L., DEVLIEGHERE F., DEBEVERE J., 2004. Evaluation of meat borne bacteria as protective cultures for the biopreservation of meat. *Int. J. Food Microbiol.*, 96, 149-164.

VERMEIREN L., DEVLIEGHERE F., VANDEKINDEREN I., DEBEVERE J., 2006a. The interaction of the non-bacteriocinogenic *Lactobacillus sakei* 10A and lactocin S producing *Lactobacillus sakei* 148 towards *Listeria monocytogenes* on a model cooked ham. *Food Microbiol.*, 23, 511-518.

VERMEIREN L., DEVLIEGHERE F., DEBEVERE J., 2006b. Co-culture experiments demonstrate the usefulness of *Lactobacillus sakei* 10A to prolong the shelf-life of a model cooked ham. *Int. J. Food Microbiol.*, 108, 68-77.

VILLANI F., SANNINO L., MOSCHETTI G., MAURIELLO G., PEPE O., AMODIO-COCCHIERI R., COPPOLA S., 1997. Partial characterization of an antagonistic substance produced by *Staphylococcus xylosus* 1E and determination of the effectiveness of the producer strain to inhibit *Listeria monocytogenes* in Italian sausages. *Food Microbiol.*, 14, 555-566.

VIGNOLO G., FADDA S., 2007. Starter Cultures: Bioprotective cultures. *In: Handbook of Fermented Meat and Poultry* (Toldra F., ed.), Chapter 14, pp. 147-157.

VOLD L., HOLCK A., WASTESON Y., NISSEN H., 2000. High levels background flora inhibits growth of *Escherichia coli* O157:H7. *Int. J. Food Microbiol.*, 56, 219-222.

WEBER H., 1994. Dry sausage manufacture: The importance of protective cultures and their metabolic products. *Fleischwirtschaft*, 74, 278-282.

ZAGOREC M., CHAILLOU S., CHAMPOMIER-VERGÈS M., CRUTZ-LE COQ A.-M., 2006. Du génome de *lactobacillus sakei* à la bio-conservation des produits carnés. *Viande et Produits Carnés*, 25, 91-94.

ZAMFIR M., CALLEWAERT R., CORNEA P.C., SAVU L., VATAFU I., DE VUYST L., 1999. Purification and characterization of a bacteriocin produced by *Lactobacillus acidophilus* IBB 801. *J. Appl. Microbiol.*, 87, 923-931.

Chapitre 5

Applications dans la filière des produits de la mer

B. LE FUR, D. WACOGNE, S. LORRE, M.F. PILET, F. LEROI

▶▶ La filière française des produits aquatiques en quelques chiffres

La production mondiale des produits de la pêche et de l'aquaculture a atteint, en 2009, 145 millions de tonnes (Mt) (FAO, 2010). Les captures mondiales (production halieutique) plafonnent à environ 90 Mt et la ressource est globalement surexploitée. L'aquaculture représente une part importante (environ 55 Mt) de la production mondiale de produits aquatiques, en croissance constante. La Chine est le principal pays producteur, avec environ 49 Mt, dont une majorité de produits issus de l'aquaculture.

En 2010, la production française était un peu supérieure à 700 000 tonnes (t) (soit à peine plus de 0,5 % de la production mondiale), avec 438 000 t de poissons, 233 000 t de coquillages, 16 000 t de crustacés et 18 000 t de céphalopodes (FranceAgriMer, 2011). La pêche représente environ 65 % de cette production nationale, avec 300 000 t de pêche fraîche et 162 000 t de pêche congelée (dont une majorité de thon tropical destiné à l'industrie de la conserve). La production aquacole française est d'environ 245 000 t, sur lesquelles la conchyliculture représente environ 80 %. La production piscicole est relativement faible : 42 000 t pour la pisciculture continentale (truite, carpe et autres poissons d'eau douce) et 8 000 t pour la pisciculture marine (bar, daurade et autres poissons marins), tonnages qui sont produits par quelque 5 000 entreprises d'aquaculture.

Les importations de produits aquatiques ont augmenté de plus de 35 % ces 10 dernières années, pour atteindre 1,1 Mt en 2009 (FranceAgriMer, 2011). Les principales espèces concernées sont le saumon, la crevette et le thon. Les trois premiers pays fournisseurs de la France sont la Norvège, le Royaume-Uni et l'Espagne.

Dans leur grande majorité, les produits aquatiques débarqués ou importés sont préparés et/ou transformés dans des entreprises de mareyage et de transformation. Les espèces pêchées sur les côtes de l'hexagone sont principalement commercialisées à l'état frais, à travers les circuits de commercialisation du frais (mareyage, poissonneries, moyennes et grandes surfaces, marchés). Bien souvent, ces espèces ne peuvent être destinées à la transformation, notamment en raison de leur prix, trop élevé pour l'industrie. La question de leur diversité (plus de 80 espèces différentes sont débarquées sur le territoire français) et de leur disponibilité (irrégularité des approvisionnements et des coûts) intervient également. Les matières premières utilisées pour la transformation correspondent aux espèces les plus présentes sur le marché international, et donc en majorité importées : saumon, poisson blanc, crevettes et thon.

La France compte un peu plus de 300 entreprises de mareyage (4 700 emplois) et 300 entreprises de transformation (essentiellement des PME générant un chiffre d'affaires inférieur à 5 M€) : entreprises de première transformation (découpe, conditionnement, surgélation), fabricants de produits salés-séchés-fumés, fabricants de soupes et de produits en conserves, fabricants de charcuteries et d'autres produits traiteurs de la mer, fabricants de plats cuisinés, et ateliers de cuisson de crevettes.

La consommation de produits aquatiques est passée de 12 kg par personne en 1975, à 35,2 kg/personne en 2010 (en équivalent poids vif) (FranceAgriMer, 2011). Les sommes dépensées (6,9 MM€) par les ménages français se répartissaient de la façon suivante : 34 % de produits frais, 31 % de produits traiteurs réfrigérés (dont 36 % de produits salés-séchés-fumés, tels que le saumon fumé, la morue salée ou l'anchois salé, 19 % de crevettes cuites, 15 % de produits dérivés du surimi, et 30 % d'autres produits, tels que les salades marines, les produits marinés et les produits tartinables), 22 % de produits surgelés et 14 % de conserves. En 2010, la consommation des produits aquatiques était tirée essentiellement par les produits frais, et en particulier par celle des produits aquatiques préemballés (conditionnés en barquettes sous atmosphère protectrice) et des produits traiteurs réfrigérés, tels que la crevette cuite du jour, le saumon fumé ou les produits dérivés du surimi. On assiste également à une augmentation de la consommation de produits crus ou à base de poisson cru (carpaccios, sushis, etc.). Aux volumes de produits aquatiques achetés par les ménages français, il faut ajouter les achats de produits aquatiques par la restauration hors foyer (commerciale et collective), qui s'élèvent à environ 240 000 t pour un chiffre d'affaires d'environ 1,6 MM€.

▸▸ Les spécificités des produits de la filière

La chair des poissons se différencie principalement de celle des animaux terrestres par l'organisation des fibres musculaires qui la constituent et par la nature de ses composants.

Le muscle de poisson a une structure métamérique peu commune dans les tissus de mammifères. Il est segmenté en myotomes emboîtés les uns dans les autres et délimités par des myoseptes (ou myocommes) de tissu conjonctif, et il ne présente généralement pas de tendons et d'aponévrose, comme c'est le cas de la viande (sauf dans le cas des thonidés). Chaque myotome est composé d'un grand nombre de fibres musculaires courtes. La chair de poisson est d'ordinaire plus molle que celle de la viande et est connue pour être facilement digestible.

La chair des poissons contient généralement de 66 à 80 % d'eau, composante principale du filet, qui joue un rôle prépondérant dans la conservation du produit et son altérabilité. Elle se caractérise également par une teneur en matières grasses (essentiellement des phospholipides et des triglycérides) pouvant présenter une variabilité intra et inter-individuelle très importante (moins de 1 % à plus de 25 %, en fonction de l'espèce, de son alimentation ou des changements sexuels en rapport avec la ponte). Les matières grasses du poisson présentent une sensibilité particulière à l'oxydation, en raison d'une proportion plus importante d'acides gras insaturés. La chair de poisson contient également 15 à 22 % de protéines de haute valeur biologique, dont la teneur globale est comparable à celle des produits carnés, ce qui fait de cette chair une source importante de protéines animales pour l'alimentation humaine. La chair de poisson contient davantage de protéines structurelles myofibrillaires que la viande (70 à 80 %, contre 40 % en moyenne) et moins de protéines du tissu conjonctif, comme le collagène (3 à 10 %, contre environ 17 % dans le muscle de viande). Les protéines sarcoplasmiques, qui représentent 20 à 30 % des protéines, sont spécifiques des espèces et peuvent être utilisées pour leur identification.

L'intérêt nutritionnel de la chair de poisson n'est aujourd'hui plus à démontrer. Celui-ci repose principalement sur sa richesse en acides gras oméga 3 essentiels, et sur la diversité des vitamines (en particulier les vitamines B3, B12, D) et des minéraux (iode, phosphore) qu'elle apporte. Cependant, le poisson est une matrice particulièrement favorable au développement microbien. La chair contient 9 à 18 % de composés azotés non protéiques de faible poids moléculaire, et donc rapidement métabolisables par les bactéries. Parmi ces composés, on retrouve des acides aminés libres, de la créatine, des nucléotides, de l'urée et de l'oxyde de triméthylamine (OTMA). L'OTMA est présent dans les espèces marines, alors qu'il est pratiquement absent chez les poissons d'eau douce et les organismes terrestres. Par ailleurs, le pH *post-mortem* élevé de la chair (> 6) et la faible acidification au cours de la conservation, liée à la faible quantité d'hydrates de carbone (0,2 à 1,5 % selon les espèces), favorisent également la croissance bactérienne.

▸▸ Les flores pathogènes des produits aquatiques

Dix à vingt pour cent des épidémies alimentaires sont attribuées à la consommation de produits de la mer. Ce chiffre varie évidemment avec la qualité du plan de surveillance mis en place dans chaque pays, le niveau de consommation et les habitudes alimentaires. Le poisson est responsable de plus d'épidémies que les mollusques, avec un nombre de cas par épidémie toutefois moins important (Huss *et al.*, 2000). Chez le poisson, la plupart des maladies sont d'origine bactérienne, alors que les virus sont généralement responsables de 50 % des épidémies liées à la consommation de mollusques bivalves, qui se nourrissent par filtration (Lee et Rangdale, 2008). Tout comme les autres aliments, les produits de la mer peuvent être recontaminés au cours du procédé de transformation par des bactéries, telles que *Staphylococcus aureus*, *Salmonella* spp., *Shigella* spp., *Clostridium perfringens*, *Bacillus cereus*, *Yersinia enterocolitica*, *Listeria monocytogenes* ou *Escherichia coli* entéro-hémorragique. Certains de ces micro-organismes, notamment les salmonelles et les virus, peuvent aussi être présents dans les eaux côtières et les estuaires souillés par les activités humaines ou dans les bassins d'aquaculture, si la qualité de l'aliment n'est pas contrôlée.

Il existe cependant des bactéries pathogènes naturellement présentes dans le milieu marin et qui sont responsables de maladies plus spécifiques dues à la consommation des poissons, coquillages et crustacés. C'est le cas des bactéries productrices d'histamine, de certains *Vibrio*, de *L. monocytogenes*, de *Clostridium botulinum* et d'*Aeromonas hydrophila*. Normalement, ces bactéries sont présentes à un niveau trop faible pour causer la maladie. Par ailleurs, une cuisson appropriée permet de les éliminer ou d'éliminer leur toxine (à l'exception de l'histamine). Par conséquent, le risque porte essentiellement sur les produits dans lesquels la croissance de ces bactéries est possible pendant la période de conservation et qui sont consommés crus ou insuffisamment cuits.

Les bactéries productrices d'histamine

L'histamine est responsable de 30 à 40 % des toxi-infections alimentaires liées à la consommation de produits de la pêche. Les intoxications histaminiques concernent les espèces riches en histidine, comme le thon (84 % des cas recensés), l'espadon, le maquereau, la bonite, la sardine, le hareng ou l'anchois. Très rarement létale, cette intoxication est cependant grave et provoque très rapidement, après l'ingestion, des symptômes de type allergique (rougeurs, urticaire, maux de tête, diarrhées, vomissements) qui peuvent conduire à l'hospitalisation. L'histamine est produite, après la mort du poisson, par décarboxylation de l'histidine libre sous l'action d'une enzyme bactérienne (l'histidine décarboxylase) présente notamment chez les entérobactéries mésophiles, telles que *Morganella morganii, Hafnia alvei* ou *Raoultella planticola*. La teneur en histamine, qui est réglementée dans les produits de la mer riches en histidine (100 à 200 ppm en Europe et 200 à 400 ppm dans les produits ayant subi une maturation aux enzymes dans la saumure), conduit lorsqu'elle est dépassée à un rejet systématique des lots, quel que soit le traitement ultérieur, car l'histamine est thermostable. Les seuls moyens de prévention sont l'application des bonnes conditions d'hygiène et un strict respect de la chaîne du froid. Cependant, des bactéries psychrotolérantes, comme *Photobacterium phosphoreum* et *Morganella psychrotolerans* productrices d'histamine à 0-2 °C, ont récemment été mises en évidence et incriminées dans des cas d'intoxication histaminique. Le développement de méthodes complémentaires permettant d'inhiber la formation d'histamine dans le poisson reste un enjeu important pour la filière aquatique. Dans les sauces ou pâtes à base de poisson, l'histamine peut atteindre des concentrations importantes et les bactéries productrices sont souvent des *Bacillus* (Tsai *et al.*, 2006) et des bactéries lactiques, comme *Tetragenococcus halophilus* (Satomi *et al.*, 2008), *Enterococcus faecium* ou *Lactobacillus* spp. (Dapkevicius *et al.*, 2000).

Listeria monocytogenes

L. monocytogenes est un pathogène majeur dans les produits de la mer légèrement préservés et consommés crus, comme le carpaccio, les poissons fumés ou légèrement marinés, ou les crevettes cuites emballées sous atmosphère protectrice.

La prévalence de *L. monocytogenes* dans ce type de produits est élevée : à titre d'exemple, celle-ci est de 0 à 24 % des lots de saumon fumé analysés en France sur la période 2001-2002, dont 18 % des cas dépassent la limite de 100 UFC/g (Beaufort *et al.*, 2007). *L. monocytogenes* n'est pas détruit lors des différentes étapes du procédé de transformation et sa croissance est possible dans la plupart des produits cités. Malgré ces chiffres, assez peu de cas de listériose liés à la consommation de produits de la mer ont été recensés (10 cas avec des crevettes, 5 avec des truites fumées, 9 avec des truites marinées, 6 avec des moules fumées, 2 avec une imitation de chair de crabe et 1 avec du poisson) (Rocourt *et al.*, 2000 ; Warriner et Namvar, 2009). Cependant, *L. monocytogenes* reste un pathogène sous haute surveillance dans les produits de la mer, comme dans toutes les denrées alimentaire prêtes à consommer.

Vibrio spp.

Le genre Vibrio comprend une multitude d'espèces, dont les principales espèces pathogènes sont *Vibrio parahaemolyticus, Vibrio vulnificus* et *Vibrio cholerae*. Ces bactéries mésophiles et halophiles (exceptée *V. cholerae*) sont présentes dans les eaux tropicales et les eaux tempérées à la fin de l'été. Leur croissance est extrêmement rapide si les produits sont conservés à des températures supérieures à 8 °C. La dose infectieuse est de l'ordre de 10^6 UFC/g. Moins de 5 % des souches de *V. parahaemolyticus* sont pathogènes, par production d'hémolysine, alors que la plupart des souches de *V. vulnificus* entraînent des septicémies, mortelles dans 50 % des cas. Certaines souches de *V. cholerae* des sérotypes O1 et O139 sont responsables du choléra ; dans ce cas, même si la contamination primaire est liée à l'ingestion de produits contaminés, l'épidémie peut se propager rapidement par les excréments. Au Pérou en 1991, 400 000 cas de choléra ont été recensés, dont 4 000 mortels, dus à la consommation de poissons marinés (Ceviche). Les crevettes tropicales sont également parfois incriminées, notamment s'il y a eu rupture de la chaîne du froid. Enfin, 50 % des maladies liées à la consommation de bivalves filtreurs sont dues à des *Vibrio* spp. (Wittman et Flick, 1995).

Clostridium botulinum

C. botulinum peut être présent dans les sédiments marins et contaminer les animaux. Ce sont souvent les *Clostridium* non protéolytiques, psychrotolérants de type B, E et F, qui sont retrouvés et qui contaminent plus spécifiquement les animaux des mers froides ou tempérées. *C. botulinum* est un anaérobie strict, maintenant bien contrôlé dans les produits de la mer appertisés. La plupart des cas de botulismes recensés sont liés à des produits légèrement transformés (fumés, salés, fermentés), de fabrication artisanale et conservés dans de mauvaises conditions. Une conservation à 5 °C, associée à un taux de sel de 3-5 % en phase aqueuse, permet d'empêcher la croissance, et donc la production de toxine. Dans les cas de produits moins salés, il est conseillé de commercialiser les produits sous forme congelée ou de ne pas les conserver en anaérobiose (utilisation de films perméables à l'oxygène ou addition d'O_2, en cas de conservation sous atmosphère protectrice).

▸▸ Les principales flores d'altération des produits aquatiques

La peau, la carapace, le mucus, les branchies et le tractus gastro-intestinal des animaux marins renferment une flore microbienne importante, dont la composition varie avec l'espèce, mais aussi avec les paramètres environnementaux comme la qualité de l'eau, la température, la salinité, la profondeur, etc. De façon générale, on peut dire que le microbiote des poissons d'eaux tempérées est composé de bactéries à Gram négatif, psychrotolérantes, appartenant principalement aux genres *Pseudomonas, Shewanella, Acinetobacter, Aeromonas, Vibrio, Moraxella, Psychrobacter* et *Photobacterium*, et dans une moindre mesure au groupe *Cytophaga-Flavobacter-Bacteroides* (Cahill, 1990 ; Huber *et al.*, 2004 ; Wilson *et al.*, 2008). Cependant, des bactéries à Gram positif, comme *Micrococcus, Bacillus, Lactobacillus, Clostridium* ou les Corynéformes, peuvent également être présentes, dans des proportions variables. Chez les poissons tropicaux, la flore a globalement la même composition, mais avec une proportion plus importante de bactéries à Gram positif (*Micrococcus, Bacillus,* Corynéformes) et d'entérobactéries (Devaraju et Setty, 1985 ; Huss, 1999 ; Liston, 1992). Le tractus gastro-intestinal renferme souvent des bactéries fermentatives (*Vibrio, Acinetobacter, Enterobacteriaceae*) qui bénéficient d'un faible pH, du manque d'oxygène et de l'abondance de nutriments. Des staphylocoques et des bactéries lactiques sont également très souvent retrouvés.

Dans la plupart des produits de la mer, le rejet organoleptique arrive bien après que la flore totale ait atteint son maximum. Si une flore variée est présente sur le poisson, seules les bactéries spécifiques d'altération participent réellement à la production de mauvaises odeurs et flaveurs. Dans le cas des poissons non transformés, les modifications chimiques qui conduisent au rejet sensoriel sont en général dues à une seule espèce bactérienne (Hozbor *et al.*, 2006). Dans les produits transformés, en revanche, les mécanismes sont plus complexes, car plusieurs groupes microbiens interagissent entre eux et peuvent contribuer à la dégradation du produit (Joffraud *et al.*, 2006 ; Stohr *et al.*, 2001).

Flore d'altération des produits frais

Les bactéries d'altération des poissons et des crustacés des mers froides ou tempérées sont généralement des *Shewanella putrefaciens* ou des *Shewanella baltica*. Ces bactéries sont capables de pratiquer la respiration anaérobie et d'utiliser l'OTMA comme accepteur final d'électron, lequel est réduit en triméthylamine (TMA) très malodorante. Les *Shewanella* produisent également de l'H_2S. *Shewanella* spp. est typiquement retrouvée sur les espèces riches en OTMA et dont le pH est supérieur à 6, comme les poissons à chair blanche, les poissons démersaux et les crustacés. Dans les poissons marins pauvres en OTMA et dont le pH est inférieur à 6, comme les pélagiques à chair foncée (thon, maquereau, orphie), l'altération est plutôt liée à des *Pseudomonas* (*Pseudomonas fragi, Pseudomonas fluorescens, Pseudomonas putida* et *Pseudomonas lundensis*) qui ne produisent, ni TMA, ni H_2S mais plutôt de l'ammoniac, des esters d'acides gras, des cétones et des aldéhydes, responsables d'odeurs fruitées ou pourries.

La conservation sous vide empêche le développement des *Pseudomonas* spp., qui sont uniquement capables de respiration aérobie. En conséquence, les produits sous vide sont surtout altérés par *Shewanella* spp. Par contre, lorsque le poisson est stocké sous atmosphère protectrice (CO_2/N_2), *P. phosphoreum* devient le principal germe d'altération. Comme *S. putrefaciens*, il est capable de réduire l'OTMA en TMA et de produire de l'H_2S, mais il devient dominant car il est plus résistant au CO_2. Pour les poissons qui contiennent peu d'OTMA ou pour certains poissons tropicaux, les bactéries lactiques et *Brochothrix thermosphacta* peuvent également se développer et altérer le produit, avec des odeurs/saveurs acides, aigres, d'œuf pourri ou de beurre. *Carnobacterium maltaromaticum* a, par exemple, été clairement identifié comme altérant majeur du saumon frais emballé sous CO_2/N_2 (Macé *et al.*, 2012).

La mesure de l'azote basique volatil total (ABVT), qui comprend, entre autres, la TMA et l'ammoniac, est un critère d'altération réglementé en Europe, dont le taux ne doit pas dépasser 25 à 35 mg-N /100 g de chair pour certaines espèces de poissons.

Flore d'altération des produits de la mer légèrement préservés

Les produits de la mer semi-préservés sont des produits ayant subi un traitement de transformation très léger, comme le salage, le séchage, le fumage ou le marinage, qui aboutit à un pH final supérieur à 5, et un taux de sel inférieur à 6 % en phase aqueuse (saumon fumé, carpaccio, gravelax, filet d'anchois marinés, produits cuits et conservés en saumure ou emballés sous atmosphère protectrice, comme les crevettes décortiquées, etc.). La flore initiale de ces produits est souvent dominée par des bactéries à Gram négatif typiques de la flore du poisson frais, comme *Shewanella* spp., *Photobacterium* spp., *Serratia* spp., *Yersinia* spp. et *Vibrio* spp. (Leroi *et al.*, 1998 ; Olofsson *et al.*, 2007). Au cours de la conservation sous vide ou sous atmosphère protectrice, les bactéries à Gram positif deviennent majoritaires, avec une prédominance notoire des bactéries lactiques, et particulièrement de *C. maltaromaticum* et *Lactobacillus curvatus* ou *Lactobacillus sakei*. D'autres espèces, telles que *Carnobacterium divergens*, *Lactobacillus farciminis*, *Lactobacillus alimentarius*, *Lactobacillus plantarum*, *Lactobacillus homohiochii*, *Lactobacillus delbrueckii*, *Lactobacillus casei*, *Lactobacillus coryniformis*, *Leuconostoc mesenteroides*, *Enterococcus faecalis*, *Weisella kandleri*, *Vagococcus fluvialis* ou *Vagococcus penaei*, sont plus rarement isolées. Selon les produits et les usines, le nombre d'entérobactéries (*Serratia liquefaciens*, *H. alvei*), de *P. phosphoreum* et de *B. thermosphacta*, est également assez élevé (Gonzales-Fandos *et al.*, 2004 ; Jaffrès *et al.*, 2009, 2010 ; Jorgensen, 2000 ; Rachman *et al.*, 2004 ; Truelstrup Hansen et Huss, 1998).

Parmi toutes ces espèces, certaines bactéries lactiques, notamment *C. maltaromaticum*, *L. sakei* et *L. farciminis*, ainsi que *B. thermosphacta* et *S. liquefaciens*, sont les principales bactéries altérantes, avec des odeurs fromage/aigre, d'H_2S, de beurre ou de chou/amine, respectivement. Il faut cependant noter que toutes les souches d'une même espèce ne sont pas forcément altérantes. Les composés volatils les plus souvent retrouvés sont le 2,3-butanedione, le 2,3-pentanedione, le 2,3-heptanedione, le 2-heptanone, l'hexanone, le diméthyl disulfure, le TMA, le 2-pentanol, le 3-méthyl-1-butanal et le 2-méthyl-1-butanal (Jaffrès *et al.*, 2011 ; Joffraud *et al.*, 2001).

▸▸ Les applications de la biopréservation dans la filière

Le poisson et les coquillages non transformés

Augmentation de la durée de vie du poisson frais

La biopréservation du poisson a fait l'objet de nombreux travaux scientifiques. Ces travaux portent essentiellement sur le poisson transformé, et plus particulièrement sur le saumon fumé. Il existe peu de publications sur l'application de la biopréservation au poisson non transformé.

Dans la plupart des études réalisées, ce sont principalement des bactéries lactiques et leurs métabolites qui ont été mis en œuvre, dans l'objectif de prolonger la durée de conservation du poisson non transformé. La prolongation de la durée de vie des produits est appréciée par la mise en œuvre d'analyses microbiologiques et/ou par évaluation sensorielle. Le dosage d'ABVT est également parfois réalisé pour confirmer les résultats, lorsque l'analyse sensorielle révèle un doute sur la fraîcheur du poisson.

Les premiers travaux recensés ont été réalisés sur de la pulpe de poisson conservée 7 semaines à 10 °C (Gelman *et al.*, 2001). Parmi 23 souches de bactéries lactiques isolées de harengs, trois souches (*L. plantarum, Lactobacillus pentosus* et *L. mesenteroides*) ont été sélectionnées pour évaluer leur potentiel en tant que bactéries bioprotectrices. Les résultats d'analyses microbiologiques ont mis en évidence une inhibition significative de la flore d'altération pour les échantillons de pulpe de poisson ensemencés avec les souches de *L. plantarum* et *L. mesenteroides*, alors que les résultats des analyses chimiques et des tests organoleptiques étaient plus satisfaisants avec la souche de *L. mesenteroides*.

Une étude similaire a été menée sur du bar (*Dicentrarchus labrax*) ensemencé avec deux bactéries lactiques (*L. plantarum* et *L. pentosus*) isolées de produits de la mer (El Bassi *et al.*, 2009). Les travaux ont permis de démontrer l'efficacité de ces souches sur l'inhibition de la croissance des bactéries psychrotrophes, des bactéries pathogènes, ainsi que des coliformes totaux. L'activité inhibitrice de *L. plantarum* serait due aux bactériocines qu'il produit, et celle de *L. pentosus* à la production d'acides organiques. Une réduction des valeurs d'ABVT et de TMA a également été observée.

L'efficacité d'une souche de *Streptococcus phocae* sur l'amélioration de la durée de conservation des sardines (*Sardinella longiceps*) et des crevettes (*Penaeus monodon*) a aussi été étudiée (Alagesan *et al.*, 2011). Une nette réduction de *L. monocytogenes*, de *V. parahemolyticus* et des coliformes a été observée dans les échantillons biopréservés, en comparaison aux échantillons témoins ou naturellement contaminés. Pendant la conservation, les auteurs ont également constaté une réduction significative de l'ABVT.

Des essais d'amélioration de la durée de conservation de deux lots de filets de saumon frais conditionnés sous atmosphère protectrice ont été effectués en utilisant deux souches de *Lactococcus piscium* et de *Leuconostoc gelidum* isolées par Matamoros *et al.* (2009a), ainsi qu'un ferment commercial (ferment LLO, Biocéane, cf. page 100, inhibition de la production d'histamine dans le thon). Les meilleurs résultats ont été obtenus avec la souche *L. gelidum* EU2247 et le ferment LLO, qui permettent de conserver les caractéristiques d'un produit frais (note sensorielle globale de 1/10) après 9 jours à 2 °C et 8 °C, alors que les échantillons témoins étaient fortement altérés à cette date (note globale de 8/10) (Brillet-Viel *et al.*, 2011).

D'autres auteurs ont étudié l'efficacité combinée de la biopréservation avec un autre traitement. Par exemple, des filets de plie ont été inoculés avec une souche de *Bifidobacterium bifidum* et/ou traités avec du thymol puis conservés à des températures de 4 et 12 °C (Altieri *et al.*, 2005). Trois conditionnements ont été testés : sous glace, sous vide et sous atmosphère protectrice. Les résultats ont mis en évidence un réel effet de synergie entre la souche de *B. bifidum* et le thymol. De même, l'inoculation de cette même souche, combinée à une faible température de conservation et un environnement pauvre en oxygène, a permis d'inhiber la croissance des bactéries.

Dans certains cas, les travaux ont porté sur l'étude de l'efficacité des métabolites produits par les bactéries lactiques sur la croissance bactérienne. Une bactériocine, produite dans le surnageant de culture par *L. plantarum* LPBM10, a été pulvérisée sur des filets de pacus (*Piaractus brachypomus* et *Colossoma macropomum*) (Suarez *et al.*, 2008). Les échantillons ont été conditionnés sous vide et stockés 30 jours à 3 °C. Aucune inhibition de la flore mésophile n'a été constatée, une diminution de 1,2 log ayant été observée pour la flore psychrophile. Les résultats ont montré un effet bactériostatique sur la croissance des coliformes totaux. Les dosages d'ABVT et les analyses sensorielles ont révélé de meilleurs résultats pour les échantillons inoculés avec la bactériocine.

L'efficacité des métabolites produits par *L. casei* DSM 120011 et *Lactobacillus acidophilus* 1 M a également été évaluée sur des filets de tilapia conservés à - 18 °C pendant 90 jours (Ibrahim et Desouky, 2009). Les surnageants de culture de ces deux souches, filtrés puis autoclavés, ont été incorporés dans l'eau de glazurage (eau distillée froide) à une concentration de l'ordre de 2 % (volume/volume). L'efficacité des métabolites produits par la souche de *L. casei* a été démontrée sur la croissance de *S. aureus*, d'*E. coli* et de levures, alors que les surnageants de culture de *L. acidophilus* étaient plus efficaces sur le développement des moisissures. L'inhibition de la croissance bactérienne, et en particulier des coliformes, était nettement plus marquée lorsque les métabolites des deux souches avaient été ajoutés simultanément.

Par ailleurs, d'autres produits antimicrobiens disponibles dans le commerce ont été testés. Ils sont composés soit de nisine, soit de lysozyme, d'ε-polylysine ou de chitosan (Takahashi *et al.*, 2011). Des échantillons de thon cru haché, ainsi que d'œufs de saumon, ont été inoculés avec *L. monocytogenes*, puis traités et incubés avec chacun de ces produits soit 7 jours à 10 °C, soit 12 heures à 25 °C. La nisapline (composée de nisine), utilisée à une concentration de 500 ppm pour le thon, et de 250 ppm pour les œufs de saumon, exerce un effet inhibiteur sur la croissance de *Listeria*. L'efficacité des autres produits n'a été démontrée qu'à partir de concentrations plus élevées : 2 000 ppm pour le produit composé de lysozyme et celui composé d' ε-polylysine, et 10 000 ppm pour celui qui était composé de chitosan.

Inhibition de la formation d'histamine dans le thon frais

À ce jour, la société française Biocéane (Nantes, France) est l'initiatrice des travaux concernant l'inhibition de la formation de l'histamine dans le thon, *via* la biopréservation (Gallois, 2009). Aucune autre étude publiée n'a été menée sur cette problématique. La bactérie utilisée est une bactérie lactique (*Lactococcus lactis*) extraite du merlan. Elle est vendue sous la dénomination commerciale de « ferment LLO ».

La société Biocéane a réalisé cette étude sur deux ans. Le procédé de biopréservation a été appliqué sur des longes de thon albacore importées d'Équateur. Le traitement par pulvérisation du ferment a eu lieu au moment du débarquement du thon. Les poissons ont été découpés en deux longes : une longe témoin, directement conditionnée sous vide, et une longe essai préalablement ensemencée avec le ferment, avant d'être conditionnée comme la longe témoin. Les longes de thon ont ensuite été expédiées, à l'état réfrigéré, au laboratoire de la société Biocéane. La formation d'histamine a été générée de manière naturelle. Le dosage d'histamine a été effectué à réception des longes, soit 4 jours après leur conditionnement, puis après 10 jours de conservation à 5 °C. Les résultats ont montré que les longes de thon traitées avec les ferments lactiques avaient un taux d'histamine jusqu'à 100 fois inférieur à celui des longes non traitées (tableau 5.1). Lorsque le thon était non traité, le taux d'histamine à réception des longes était de l'ordre de 10 à 100 ppm. Après 10 jours de stockage, la moitié des longes non traitées atteignait le seuil de 100 ppm, et 30 % des échantillons l'avaient dépassé. À réception, les teneurs en histamine sur les longes biopréservées étaient inférieures à 10 ppm pour plus de la moitié des échantillons. Les valeurs les plus élevées étaient de 50 ppm. Après 10 jours de stockage, 90 % des longes biopréservées respectaient encore la norme. L'effet du ferment LLO n'est pas encore bien connu. Il pourrait être dû à une inhibition de la croissance des principaux germes responsables de la transformation de l'histidine en histamine. Bien que ces travaux aient surtout porté sur du thon d'Équateur, quelques tests prometteurs ont également été réalisés sur des longes de thon provenant d'Indonésie. Des essais réalisés sur du thon germon de Tahiti ont également renforcé l'intérêt de la biopréservation pour limiter le développement d'histamine.

Tableau 5.1. Effet de flores protectrices sur la teneur en histamine (d'après Gallois, 2009).

	Histamine < 100 mg/kg	Histamine > 100 mg/kg
Thon témoin J4	6/10	4/10
Thon bio-préservé J4	10/10	0/10
Thon témoin J10	7/10	3/10
Thon bio-préservé J10	9/10	1/10

Inhibition de *Vibrio parahaemolyticus* dans les coquillages

Xi (2011) a testé l'application de probiotiques pour prévenir la contamination par *V. parahaemolyticus* des huîtres creuses (*Crassostrea gigas*). *Lactobacillus plantarum* ATCC 8014 présente de forts effets bactéricides contre *V. parahaemolyticus*, principalement en raison de sa production d'acides organiques. Lorsque cette souche est introduite dans l'eau de mer à une concentration initiale de 10^6 UFC/g, la concentration en bactéries lactiques dans les huîtres passe de 10^2 à 10^5 UFC/g en 20 h à température ambiante. Cependant, le niveau diminue au cours de l'épuration des coquillages, pour se stabiliser à 10^3 UFC environ. *L. plantarum* a alors été ajouté dans l'eau de mer servant à l'épuration des coquillages, à une concentration de 10^7 UFC/ml. Les huîtres avaient préalablement été contaminées par *V. parahaemolyticus* à 10^4 NPP/g. Les essais de dépuration à 15 °C n'ont pas été concluants mais après 5 jours à 10 °C, le probiotique a réduit significativement le niveau de *V. parahaemolyticus* par rapport au témoin, sans qu'aucune mortalité des huîtres ne soit observée.

La saurisserie – traiteur de la mer

Poissons salés, fumés, sauces et pâtes de poisson

La DLC des produits de la mer légèrement préservés varie, selon les produits, de 10 jours à 6 semaines. Dans ce domaine, l'essentiel des travaux concerne la maîtrise de *L. monocytogenes* par biopréservation et a été réalisé sur le saumon fumé. Les produits de la mer prêts à consommer, et en particulier les poissons fumés, sont en effet, avec les produits carnés, ceux dans lesquels la présence de *L. monocytogenes* est le plus souvent détectée dans l'UE (7 % de produits positifs en 2009, près de 10 % en 2008), et ceux où le taux de 100 UFC/g est le plus fréquemment dépassé (EFSA, 2011). Compte tenu de leur longue durée de conservation (4 à 6 semaines), la maîtrise du danger *L. monocytogenes* dans le produit fini est particulièrement délicate, puisque la teneur en sel (environ 3 %), et en phénol (< 1 mg/100 g) de ces produits ne suffit pas toujours à limiter la croissance de cette bactérie si les conditions de températures ne sont pas rigoureusement maintenues à 4 °C (Cornu *et al.*, 2006). Par ailleurs, le conditionnement sous vide des produits salés et fumés conduit à un environnement favorable pour l'implantation de bactéries lactiques, qui constituent la flore majoritaire de ces denrées en fin de stockage (Leroi, 2010). L'utilisation de la biopréservation dans ces produits pourrait permettre d'apporter une barrière supplémentaire durable permettant de maintenir, en cas de contamination par *L. monocytogenes*, un niveau de population acceptable.

Parmi les bactéries lactiques testées pour ces activités dans le saumon fumé (tableau 5.2), celles appartenant au genre *Carnobacterium* occupent largement le devant de la scène. Plusieurs souches des espèces *C. maltaromaticum* et *C. divergens*, majoritairement productrices de bactériocines, ont été testées avec succès pour limiter le développement de *L. monocytogenes* dans le saumon fumé (Nilsson *et al.*, 1999, 2004 ; Brillet *et al.*, 2004 ; Yamazaki *et al.*, 2003 ; Tahiri *et al.*, 2009). Leur intérêt réside dans le fait qu'elles appartiennent à la flore majoritaire du saumon fumé en fin de stockage, qu'elles ont une bonne capacité de croissance à basse température et qu'elles sont souvent sans effet majeur sur l'altération du produit, bien que cette dernière caractéristique soit souche dépendante (Brillet *et al.*, 2005 ; Laursen *et al.*, 2005 ; Leisner *et al.*, 2007). Les autres espèces testées sur le saumon fumé appartiennent aux genres *Lactobacillus* et *Enterococcus* (Katla *et al.*, 2001 ; Weiss et Hammes, 2006 ; Vescovo *et al.*, 2006 ; Tomé *et al.*, 2008), mais certaines n'ont été testées que sur *Listeria innocua*.

Tableau 5.2. Principales espèces utilisées pour maîtriser la croissance de *L. monocytogenes* ou de *L. innocua* (*) dans le saumon fumé.

Nom de l'espèce	Nom des souches	Références
C. maltaromaticum	A9b, A10a	Nilsson *et al.*, 1999, 2004
	V1, SF668	Brillet *et al.*, 2004
	CS526, JCM5348	Yamazaki *et al.*, 2003
C. divergens	V41, M35	Brillet *et al.*, 2004 ; Tahiri *et al.*, 2009
L. sakei	Lb790, 5774*	Katla *et al.*, 2001 ; Weiss et Hammes, 2006
L. casei + *L. plantarum*	T3 + Pe2*	Vescovo *et al.*, 2006
E. faecium	ET05*	Tomé *et al.*, 2008

Dans ces différentes études, les effets ont été mis en évidence par la réalisation de challenge-tests avec des niveaux d'inoculation de la bactérie pathogène de 10^2 à 10^4 UFC/g, et des bactéries protectrices de 10^3 à 10^7 UFC/g. Les flores protectrices sélectionnées permettent généralement de maintenir le niveau de *L. monocytogenes* à son taux initial ou de limiter sa croissance de 1,5 à 4 log UFC/g, selon les études, par rapport au témoin. Cet effet se prolonge généralement pendant toute la durée de conservation du produit, qui peut atteindre 21 à 32 jours à température réfrigérée. Ainsi Brillet *et al.* (2005) ont réussi à maintenir un niveau de *L. monocytogenes* inférieur à 100 UFC/g pendant 28 jours de stockage à 4 et 8 °C, en la co-inoculant avec la souche *C. divergens* V41 à 10^5 UFC/g. De la même façon, la souche de *C. maltaromaticum* JCM5348 non productrice de bactériocine a permis de maintenir la bactérie pathogène à son niveau d'inoculation (10^3 UFC/g dans l'étude) pendant 24 jours de conservation à 4 °C (Yamazaki *et al.*, 2003).

Cependant, dans la plupart de ces études, l'effet des bactéries lactiques sur les caractéristiques organoleptiques des produits n'a pas été vérifié. Or, il s'agit d'un critère particulièrement critique pour des applications dans des produits très sensibles aux altérations d'origine bactérienne. Dans ce domaine, des travaux complets, mettant en œuvre des analyses sensorielles et des dosages physico-chimiques, ont été effectués sur le saumon fumé pour des souches de *Carnobacterium* à effet anti-listeria (Brillet *et al.*, 2005), et pour des souches psychrotrophes de *L. gelidum* et *L. piscium* (Matamoros *et al.*, 2009b). Dans ces mêmes études, les caractéristiques de sécurité des souches (production de métabolites indésirables comme les amines biogènes, résistance aux antibiotiques, etc.) ont également été testées.

La plupart des bactéries lactiques mises en œuvre dans ces études produisent une ou plusieurs bactériocines. Il s'agit essentiellement de bactériocines de classe IIa, comme la piscicoline 126, les carnobactériocines BM1 et B2, la divercine V41, la divergicine M35, l'entérocine B, la pédiocine PA-1 et la sakacine P (Yamazaki *et al.*, 2005 ; Nilsson *et al.*, 1999, 2004 ; Métivier *et al.*, 1998 ; Tahiri *et al.*, 2004 ; Katla *et al.*, 2001). Certains de ces composés ont été testés seuls ou en combinaison avec des bactéries protectrices, afin de maîtriser la croissance de *L. monocytogenes* dans des produits fumés ou des produits traiteurs. Dans le cas des carnobactériocines, l'utilisation de surnageants filtrés ou de peptides semi-purifiés vis-à-vis de *L. monocytogenes* sur le saumon fumé, montre un effet bactériostatique rapide pendant les premiers jours du stockage, qui tend néanmoins à disparaître au cours du temps, contrairement à ce qui est observé en utilisant les cultures (Duffes *et al.*, 1999 ; Nilsson *et al.*, 1999 ; Tahiri *et al.*, 2009). À l'inverse, la sakacine P pré-purifiée s'est montrée à la fois plus rapide et plus efficace pour maîtriser *L. monocytogenes* pendant toute la durée du stockage que la bactérie productrice (Katla *et al.*, 2001).

La nisine a également été testée pour son activité anti-*Listeria* dans des produits de la mer transformés. Dans une approche consistant à immobiliser de la nisine avec ou sans bactéries lactiques dans un film d'alginate déposé sur des tranches de saumon fumé, Concha-Meyer *et al.* (2011) ont observé une efficacité bactériostatique plus stable dans le temps lorsque les bactéries lactiques sont présentes, qu'elles soient combinées ou non à la nisine.

Des préparations de bactériocines « commerciales », comme la nisine et la pédiocine ACCEL, ont également été testées sur des filets de poisson cuit, mais ces composés ne permettaient pas une maîtrise satisfaisante de la bactérie pathogène (Nilsson *et al.*, 1997 ; Yin *et al.*, 2007).

Enfin l'application de préparations de phages à large spectre d'hôte semble se montrer moins efficace pour empêcher la croissance de *L. monocytogenes* dans le saumon fumé. L'efficacité du LISTEX P100™ anti-*Listeria* a été montrée dans du saumon fumé en tranches (Denis *et al.*, 2011), avec des réductions de 1,6 à 2,7 log. Une réduction de 2 log a également été observée dans des salades de la mer, mais cet effet est variable selon les souches de *L. monocytogenes* utilisées (Guenther *et al.*, 2009). Dans les produits transformés, la maîtrise de la formation d'histamine a fait l'objet de peu de travaux, bien que des concentrations élevées en histamine puissent être retrouvées sur du thon fumé (Emborg et Dalgaard, 2006), du saumon fumé (Brillet *et al.*, 2005), dans des poissons séchés (Kanki *et al.*, 2004 ; Huang *et al.*, 2010) ou dans des sauces et pâtes à base de poisson (Tsaï *et al.*, 2006). Les études de biopréservation se sont surtout concentrées sur les bactéries capables de dégrader l'histamine par production d'amine-oxydases. Ainsi, une souche de *Staphylococcus xylosus* ensemencée dans des préparations d'anchois salés et fermentés, est capable de dégrader 38 % de l'histamine produite dans des anchois fermentés (Mah et Hwang, 2009). Dans ce même type de produits, une souche de *Halobacterium salinarium* s'est également révélée efficace pour empêcher l'accumulation d'histamine survenant pendant les premières semaines de maturation (Aponte *et al.*, 2010). Dans des sauces à base de poisson, un mélange de *L. plantarum*, *L. casei*, *Pediococcus pentosaceus* et *S. xylosus*, a permis de diminuer de 90 % la quantité d'histamine produite (Yongjin *et al.*, 2007). De la même façon, des souches de *Staphylococcus carnosus* et de *Bacillus amyloliquefaciens* ont permis de réduire le taux d'histamine, respectivement de 27,7 % et 15,4 %, dans des sauces fermentées à base d'anchois (Zaman *et al.*, 2011).

Dans le domaine de l'application de la biopréservation pour améliorer les qualités sensorielles des produits salés et fumés, les études restent limitées dans la mesure où les barrières déjà mises en œuvre dans la conservation des produits salés, fumés ou marinés, permettent d'obtenir des durées de conservation dépassant deux semaines. Comme pour les produits de la mer frais, l'effet de la biopréservation pour limiter l'altération s'apprécie essentiellement par des tests sensoriels, en l'absence d'indicateurs bactériologiques ou physicochimiques pertinents. En testant des bactéries lactiques inhibitrices psychrotrophes, Matamoros *et al.* (2009b) ont constaté que du saumon fumé ensemencé avec des souches de *L. piscium* garde les caractéristiques sensorielles du produit initial après 4 semaines de stockage, alors que le produit non ensemencé est jugé fortement altéré. Cet effet n'a cependant pas pu être attribué à l'inhibition de flores microbiennes d'altération spécifiques.

Des essais de préservation de pâte de poisson, effectués avec des bactériocines (entérocines), ont permis de réduire de 2 log la flore totale des échantillons au cours de la conservation. Toutefois, l'effet était moins important qu'en utilisant des conservateurs classiques, comme le benzoate de sodium et le sorbate de potassium (Dicks *et al.*, 2006).

Crustacés

Les travaux ont été surtout focalisés sur la crevette cuite décortiquée, du fait de son importance économique grandissante. L'utilisation du *Guide des bonnes pratiques d'hygiène*, créé par l'Association des cuiseurs de crevettes et crustacés (A3C), et l'application des principes H.A.C.C.P. à la cuisson des crustacés, ont contribué à améliorer la qualité microbiologique de ces produits. Malgré tout, les traitements technologiques utilisés pour la fabrication des crevettes tropicales cuites décortiquées ne sont pas suffisants pour garantir une absence totale de micro-organismes en sortie d'usine. La combinaison de la réfrigération, du conditionnement sous atmosphère protectrice ($50\ \%\ N_2 - 50\ \%\ CO_2$) et de l'utilisation de conservateurs, permet une durée de vie des produits de l'ordre de 10 jours. Les acides organiques, malgré leur efficacité, notamment pour limiter la croissance de *L. monocytogenes* (Mejlholm *et al.*, 2008), restent toujours mal perçus par les consommateurs, car ils font partie des additifs et sont mentionnés dans l'étiquetage avec la nomenclature « E ». Dans ce contexte, la biopréservation est une solution alternative prometteuse.

Comme dans les produits salés et fumés, les principales bactéries pathogènes sont principalement issues de recontaminations en usine, au cours du procédé de transformation. *L. monocytogenes* reste le danger majeur à maîtriser dans ces produits, du fait de leur durée de vie supérieure à 5 jours. L'utilisation de bactéries lactiques psychrotrophes des espèces *L. piscium* et *L. gelidum* permet de ralentir la croissance de *L. monocytogenes* dans les crevettes cuites décortiquées et de diminuer la concentration finale de 2 à 4 log, par rapport au témoin non biopréservé (Matamoros *et al.*, 2009b ; Fall *et al.*, 2010a). Une inhibition de 2 log a également été notée sur *S. aureus* (Matamoros *et al.*, 2009b).

Concernant la maîtrise de l'altération, des essais de biopréservation de crevettes crues entières ou décortiquées ont été effectués avec une souche de *Bifidobacterium breve* combinée – ou non – à du sorbate de potassium ou de l'acétate de sodium. Cependant, dans ce cas, l'utilisation de la flore protectrice n'a pas montré d'efficacité supérieure à celle des conservateurs utilisés seuls (Al-Dagal et Bazaraa, 1999). En revanche, en utilisant des souches de bactéries lactiques psychrotrophes appartenant aux espèces *L. piscium* et *L. gelidum*, Matamoros *et al.* (2009b) ont nettement retardé l'altération sensorielle de deux lots de crevettes cuites décortiquées (*Pennaeus vanamei*), qui ont conservé toute leur fraîcheur après 28 jours de stockage à 8 °C. Cet effet n'a pu être mis en relation avec l'inhibition des indicateurs microbiologiques mesurés (flore totale psychrotrophe, bactéries lactiques, entérobactéries). Par la suite, Fall *et al.* (2010b) ont montré que cette amélioration des qualités sensorielles pouvait être liée à l'inhibition spécifique de *B. thermosphacta*. Quant au mécanisme mis en jeu dans cette inhibition, il ne fait pas intervenir de bactériocine, ni la production d'acide lactique (Fall *et al.*, 2010b, 2012).

Des bactériocines purifiées ou semi-purifiées ont également été testées sur des crevettes dans un but d'amélioration de la qualité sensorielle. La nisine et du surnageant contenant de la bavaricine A ont permis d'augmenter la durée de conservation des crevettes respectivement de 14 et 6 jours, par rapport au témoin non traité, en limitant principalement la croissance des bactéries lactiques (Einarsson et Lauzon, 1995).

Une application industrielle de la biopréservation a été initiée en 2002 avec le ferment LLO. Ce ferment a fait l'objet d'un brevet (Daniel et Lorre, 2001) et est actuellement utilisé pour améliorer la conservation de crevettes cuites décortiquées conditionnées sous atmosphère protectrice (Meyer, 2005) et de coquilles St-Jacques, évitant ainsi l'utilisation de conservateurs.

▸▸ Conclusion

Les études portant sur la biopréservation des produits de la mer, relativement récentes, se sont intensifiées dans les années 1990, avec l'essor de la production de produits légèrement préservés prêts à consommer et la découverte de l'importance du groupe des bactéries lactiques dans ces produits. Malgré des études prometteuses sur les possibilités d'utiliser des bactéries lactiques pour empêcher le développement de pathogènes et augmenter les DLC, l'application industrielle de ces procédés reste peu développée. Les souches les plus intéressantes appartiennent à des espèces pour lesquelles il n'y a pas d'utilisation traditionnelle, et leur acceptabilité nécessite encore d'apporter certaines preuves de leur innocuité. À ce jour, il existe au moins deux producteurs de ferments, basés en France et en Italie, qui commercialisent des souches spécifiquement pour les produits de la mer.

▸▸ Références bibliographiques

AL DAGAL M.M., BAZARAA W.A., 1999. Extension of shelf life of whole and peeled shrimp with organic acid salts and Bifidobacteria. *J. Food Prot.*, 62, 51-56.

ALAGESAN P., KANMANI P., SATISHKUMAR R., YUVARAJ N., PATTUKUMAR V., PONNI S., ARUL V., 2011. Biopreservation of *Sardinella longiceps* and *Penaeus monodon* using protective culture *Streptococcus phocae* PI 80 isolated from marine shrimp Penaeus indicus. *Probiotics and Antimicrobial Proteins*, 3, 103-111.

ALTIERI C., SPERANZA B., DEL NOBILE M.A., SINIGAGLIA M., 2005. Suitability of bifidobacteria and thymol as biopreservatives in extending the shelf life of fresh packed plaice fillets. *J. Appl. Microbiol.*, 99, 294-302.

APONTE M., BLAIOTTA G., FRANCESCA N., MOSCHETTI G., 2010. Could halophilic archaea improve the traditional salted anchovies (*Engraulis encrasicholus* L.) safety and quality? *Lett. Appl. Microbiol.*, 51, 697-703.

BEAUFORT A., RUDELLE S., GNANOU-BESSE N., TOQUIN M.T., KEROUANTON A., BERGIS H., SALVAT G., CORNU M., 2007. Prevalence and growth of *Listeria monocytogenes* in naturally contaminated cold-smoked salmon. *Lett. Appl. Microbiol.*, 44, 406-411.

BRILLET A., PILET M.F., PRÉVOST H., BOUTTEFROY A., LEROI F., 2004. Biodiversity of *Listeria monocytogenes* sensitivity to bacteriocin-producing *Carnobacterium* strains and application in sterile cold-smoked salmon. *J. Appl. Bacteriol.*, 97, 1029-1037.

BRILLET A., PILET M.F., PRÉVOST H., CARDINAL M., LEROI F., 2005. Effect of inoculation of *Carnobacterium divergens* V41, a biopreservative strain against *Listeria monocytogenes* risk, on the microbiological and sensory quality of cold-smoked salmon. *Int. J. Food Microbiol.*, 104, 309-324.

BRILLET-VIEL A., PILET M.F., CHEVALIER F., CARDINAL M., CORNET J., DOUSSET X., JOFFRAUD J.J., LEROI F., 2011. *La biopréservation, une nouvelle technologie de barrière pour améliorer la sécurité et la qualité des produits de la mer*. Colloque SFM-RMT Ecosystème microbiens et bioprotection des aliments. Nantes, France, 17-18 novembre 2011.

CAHILL M.M., 1990. Bacterial flora of fishes: A review. *Microbial Ecology*, 19, 21-41.

CONCHA-MEYER A.B., SCHÖBITZ R., BRITO C., FUENTES R., 2011. Lactic acid bacteria in an alginate film inhibit *Listeria monocytogenes* growth on smoked salmon. *Food Control*, 22, 485-489.

CORNU M., BEAUFORT A., RUDELLE S., LALOUX L., BERGIS H., MICONNET N., SÉROT T., DELIGNETTE-MULLER M.L., 2006. Effect of temperature, water-phase salt and phenolic contents on *Listeria monocytogenes* growth rates on cold-smoked salmon and evaluation of secondary models. *Int. J. Food Microbiol.*, 106, 159-168.

DANIEL P., LORRE S., 2001. Novel lactic acid bacteria of the genus *Lactococcus lactis* and use thereof for preserving food products. Patent WO 2003/027268.

DAPKEVICIUS M., NOUT M.J.R., ROMBOUTS F.M., HOUBEN J.H., WYMENGA W., 2000. Biogenic amine formation and degradation by potential fish silage starter microorganisms. *Int. J. Food Microbiol.*, 57, 107-114.

DENIS C., LEMONNIER S., CADOT P., 2011. Application de bactériophages pour le contrôle de *Listeria monocytogenes* dans le saumon fumé, *In : Ecosystèmes microbiens et bioprotection des aliments*, Colloque de la Société Française de Microbiologie, 17-18 Novembre, Nantes, France

DEVARAJU A.N., SETTY T.M.R., 1985. Comparative study of fish bacteria from tropical and cold temperature marines waters. In: Reilly A. (ed.) Spoilage of tropical fish and product development. *FAO Fishery Report*, 317 Suppl, 97-107.

DICKS L.M.T., TODOROV S.D., VAN DER MERWE M.P., DALTON A., HOFFMAN L.C., 2006. Preservation of fish spread with enterocins 1071A and 1071B, two antimicrobial peptides produced by *Enterococcus faecalis* BFE 1071, Vol. 26, Wiley, Hoboken, pp. 173-183.

DUFFES F., CORRE C., LEROI F., DOUSSET X., BOYAVAL P., 1999. Inhibition of *Listeria monocytogenes* by *in situ* produced and semipurified bacteriocins of *Carnobacterium* spp. on vacuum-packed, refrigerated cold-smoked salmon. *J. Food Prot.*, 62, 1394-1403.

EFSA, 2011. The European Union summary report on trends and sources of zoonoses, zoonotic agents and food-borne outbreaks in 2009. *EFSA J.*, 9 (3), 2090.

EINARSSON H., LAUZON L., 1995. Biopreservation of brined shrimp *(Pandalus borealis)* by bacteriocins from lactic acid bacteria. *Appl. Environ. Microbiol.*, 61, 669-676.

EL BASSI L., HASSOUNA M., SHINZATO N., MATSUI T., 2009. Biopreservation of refrigerated and vacuum-packed *Dicentrarchus labrax* by lactic acid bacteria. *J. Food Sci.*, 74, 335-336.

EMBORG J., DALGAARD P., 2006. Formation of histamine and biogenic amines in cold-smoked tuna: an investigation of psychrotolerant bacteria from samples implicated in cases of histamine fish poisoning. *J. Food Prot.*, 69, 897-906.

FALL P.A., LEROI F., CHEVALIER F., GUERIN C., PILET M.F., 2010a. Protective effect of a non-bacteriocinogenic *Lactococcus piscium* CNCM I-4031 strain against *Listeria monocytogenes* in sterilized tropical cooked peeled shrimp. *Journal of Aquatic Food Product Technology*, 19, 84-92.

FALL P.A., LEROI F., CARDINAL M., CHEVALIER F., PILET M.F., 2010b. Inhibition of *Brochothrix thermosphacta* and sensory improvement of tropical peeled cooked shrimp by *Lactococcus piscium* CNCM I-4031. *Lett. Appl. Microbiol.*, 50, 357-361.

FALL P.A., PILET M.F., LEDUC F., CARDINAL M., DUFLOS G., GUÉRIN C., JOFFRAUD J.J., LEROI F., 2012. Sensory and physicochemical evolution of tropical cooked peeled shrimp inoculated by

Brochothrix thermosphacta and *Lactococcus piscium* CNCM I-4031 during storage at 8 °C. *Int. J. Food Microbiol.,* 152, 82-90.

FAO, 2010. Faits nouveaux concernant le commerce de poisson, Comité des pêches - sous-comité du commerce du poisson, Buenos Aires (Argentine), 26-30 avril 2010, pp. 1-13.

FRANCEAGRIMER, les cahiers de FranceAgriMer, les filières pêche et aquaculture en France / Production, entreprises, échanges, consommation, édition avril 2011, p 1-35.

FRANCEAGRIMER, 2011. *Consommation des produits de la pêche et de l'aquaculture, données statistiques 2010,* édition mai 2011, 1-126.

GALLOIS S., 2009. Moins d'histamine grâce à un ferment. *Produits de la Mer,* 113, 10.

GELMAN A., DRABKIN V., GLATMAN L., 2001. Evaluation of lactic acid bacteria isolated from lightly preserved fish products, as starter cultures for new fish-based food products. *Innovative Food Science and Emerging Technologies,* 1, 219-226.

GONZALES-FANDOS E., GARCIA-LINARES M.C., VILLARINO-RODRIGUEZ A., GARCIA-ARIAS M.T., GARCIA-FERNANDEZ M.C., 2004. Evaluation of the microbiological safety and sensory quality of rainbow trout *(Oncorhynchus mykiss)* processed by the sous vide method. *Food Microbiol.,* 21, 193-201.

GUENTHER S., HUWYLER D., RICHARD S., LOESSNER M.J., 2009. Virulent bacteriophage for efficient biocontrol of *Listeria monocytogenes* in ready-to-eat foods. *Appl. Environ. Microbiol.,* 75, 93-100.

HOZBOR M.C., SAIZ A.I., YEANNES M.I., FRITZ R., 2006. Microbiological changes and its correlation with quality indices during aerobic iced storage of sea salmon *(Pseudopercis samifasciata). LWT Food Science and Technology,* 39, 99-104

HUANG Y.R., LIU K.J., HSIEH H.S., HSIEH C.H., HWANG D.F., TSAI Y.H., 2010. Histamine level and histamine-forming bacteria in dried fish products sold in Penghu Island of Taiwan. *Food Control,* 21, 1234-1239.

HUBER I., SPANGGAARD B., APPEL K.F., ROSSEN L., NIELSEN T., GRAM L., 2004. Phylogenetic analysis and *in situ* identification of the intestinal microbial community of rainbow trout *(Oncorhynchus mykiss,* Walbaum). *J. Appl. Microbiol.,* 96, 117-132.

HUSS H.H., 1999. La qualité et son évolution dans le poisson frais. Changements *post-mortem* dans le poisson. *FAO Document Technique sur les Pêches,* 348, 1-26.

HUSS H.H., REILLY A., BEN EMBAREK P.K., 2000. Prevention and control of hazards in seafood. *Food Control,* 11, 149-156.

IBRAHIM S.M., DESOUKY S.G., 2009. Effect of antimicrobial metabolites produced by lactic acid bacteria on quality aspects of frozen tilapia fillets *(Oreochromis niloticus). World Journal of Fish and Marine Sciences,* 1, 40-45.

JAFFRÈS E., SOHIER D., LEROI F., PILET M.F., PRÉVOST H., JOFFRAUD J.J., DOUSSET X., 2009. Study of the bacterial ecosystem in tropical cooked and peeled shrimps using a polyphasic approach. *Int. J. Food Microbiol.,* 131, 20-29.

JAFFRÈS E., PRÉVOST H., ROSSERO A., JOFFRAUD J.J., DOUSSET X., 2010. *Vagococcus penaei* sp. nov., isolated from spoilage microbiota of cooked shrimp *(Penaeus vannamei). Int. J. Syst. Evol. Microbiol.,* 60, 2159-2164.

JAFFRÈS E., LALANNE V., MACÉ S., CORNET J., CARDINAL M., SÉROT T., DOUSSET X., JOFFRAUD J.J., 2011. Sensory characteristics of spoilage and volatile compounds associated with bacteria isolated from cooked and peeled tropical shrimps using SPME-GC-MS analysis. *Int. J. Food Microbiol.,* 147, 195-202.

JOFFRAUD J.J., LEROI F., ROY C., BERDAGUÉ J.L., 2001. Characterisation of volatile compounds produced by bacteria isolated from the spoilage flora of cold-smoked salmon. *Int. J. Food Microbiol.,* 66, 175-184.

JOFFRAUD J.J., CARDINAL M., CORNET J., CHASLES J.S., LÉON S., GIGOUT F., LEROI F., 2006. Effect of bacterial interactions on the spoilage of cold-smoked salmon. *Int. J. Food Microbiol.,* 112, 51-61.

JORGENSEN L.V., 2000. Spoilage and safety of cold-smoked salmon. Ph.D., The Royal Veterinary and Agricultural University, Copenhagen, Denmark.

KANKI M., YODA T., ISHIBASHI M., TSUKAMAMOTO T., 2004. *Photobacterium phosphoreum* caused a histamine fish poisoning incident. *Int. J. Food Microbiol.,* 92, 79-87.

KATLA T., MORETRO T., AASEN I.M., HOLCK A., AXELSSON L., NATERSTAD K., 2001. Inhibition of *Listeria monocytogenes* in cold smoked salmon by addition of sakacin P and/or live *Lactobacillus sakei* cultures. *Food Microbiol.*, 18, 431-439.

LAURSEN B.G., BAY L., CLEENWERCK I., VANCANNEYT M., SWINGS J., DALGAARD P., LEISNER J.J., 2005. *Carnobacterium divergens* and *Carnobacterium maltaromicum* as spoilers or protective cultures in meat and seafood: phenotypic and genotypic characterisation. *Syst. Appl. Microbiol.*, 28, 151-164.

LEE R.J., RANGDALE R.E., 2008. Bacterial pathogens in seafood, *In : Improving seafood products for the consumer* (Borresen T., ed.), Woodhead publishing limited, Cambridge, pp. 247-291.

LEISNER J.J., LAURSEN B.G., PRÉVOST H., DRIDER D., DALGAARD P., 2007. *Carnobacterium*: positive and negative effects in the environment and in foods. *FEMS Microbiol. Rev.*, 31, 592-613.

LEROI F., 2010. Occurrence and role of lactic acid bacteria in seafood products. *Food Microbiol.*, 27, 698-709.

LEROI F., JOFFRAUD J.J., CHEVALIER F., CARDINAL M., 1998. Study of the microbial ecology of cold smoked salmon during storage at 8 °C. *Int. J. Food Microbiol.*, 39, 111-121.

LISTON J., 1992. Bacterial spoilage of seafood, *In: Quality assurance in the fish industry* (H.H. Huss, M. Jakobsen, J. Liston, eds.), Proceedings of an international conference, Copenhagen, Denmark, August 1992, Elsevier, Amsterdam, pp. 93-105.

MACÉ S., CORNET J., CHEVALIER F., CARDINAL M., PILET M.F., DOUSSET X., JOFFRAUD J.J., 2012. Characterisation of the spoilage microbiota in raw salmon (*Salmo salar*) steaks stored under vacuum or modified atmosphere packaging combining conventional methods and PCR-TTGE. *Food Microbiol.*, 30, 164-172.

MAH J.H., HWANG H.J., 2009. Inhibition of biogenic amine formation in a salted and fermented anchovy by *Staphylococcus xylosus* as a protective culture. *Food Control*, 20, 796-801.

MATAMOROS S., PILET M.F., GIGOUT F., PRÉVOST H., LEROI F., 2009a. Selection and evaluation of seafood-borne psychrotrophic lactic acid bacteria as inhibitors of pathogenic and spoilage bacteria. *Food Microbiol.*, 26, 638-644.

MATAMOROS S., LEROI F., CARDINAL M., GIGOUT F., KASBI CHADLI F., CORNET J., PRÉVOST F., PILET M.F., 2009b. Psychrotrophic lactic acid bacteria used to improve the safety and quality of vacuum-packaged cooked and peeled tropical shrimp and cold-smoked salmon. *J. Food Prot.*, 72, 365-374.

MEJLHOLM O., KJELDGAARD J., MODBERG A., VEST M.B., BØKNÆS N., KOORT J., BJÖRKROTH J., DALGAARD P., 2008. Microbial changes and growth of *Listeria monocytogenes* during chilled storage of brined shrimp *(Pandalus borealis)*. *Int. J. Food Microbiol.*, 124, 250-259.

MÉTIVIER A., PILET M.F., DOUSSET X., SOROKINE O., ANGLADE P., ZAGOREC M., PIARD J.C., MARION D., CENATIEMPO Y., FREMAUX C., 1998. Divercin V41, a new bacteriocin with two disulphide bonds produced by *Carnobacterium divergens* V41: primary structure and genomic organization. *Microbiology*, 144, 2837-2844.

MEYER H.L., 2005. La bioprotection élargit son périmètre. *La Revue de l'Industrie Agroalimentaire*, 659, 57-58.

NILSSON L., HUSS H.H., GRAM L., 1997. Inhibition of *Listeria monocytogenes* on cold-smoked salmon by nisin and carbon dioxide atmosphere. *Int. J. Food Microbiol.*, 38, 217-227.

NILSSON L., GRAM L., HUSS H.H., 1999. Growth control of *Listeria monocytogenes* on cold-smoked salmon using a competitive lactic acid bacteria flora. *J. Food Prot.*, 62, 336-342.

NILSSON L., NG Y.Y., CHRISTIANSEN J.N., JORGENSEN B.L., GROTINUM D., GRAM L., 2004. The contribution of bacteriocin to inhibition of *Listeria monocytogenes* by *Carnobacterium piscicola* strains in cold-smoked salmon systems. *J. Appl. Microbiol.*, 96, 133-143.

OLOFSSON T.C., AHRNÉ S., MOLIN G., 2007. The bacterial flora of vacuum-packed cold-smoked salmon stored at 7 °C, identified by direct 16S rRNA gene analysis and pure culture technique. *J. Appl. Microbiol.*, 103, 109-119.

RACHMAN C., FOURRIER A., SY A., DE LA COCHETIÈRE M.F., PÉEVOST H., DOUSSET X., 2004. Monitoring of bacterial evolution and molecular identification of lactic acid bacteria in smoked salmon during storage. *Le Lait*, 84, 145-154.

ROCOURT J., JACQUET C., REILLY A., 2000. Epidemiology of human listeriosis and seafoods. *Int. J. Food Microbiol.*, 62, 197-209.

SATOMI M., FURUSHITA M., OIKAWA H., YOSHIKAWA-TAKAHASHI M., YANO Y., 2008. Analysis of a 30 kbp plasmid encoding histidine decarboxylase gene in *Tetragenococcus halophilus* isolated from fish sauce. *Int. J. Food Microbiol.*, 126, 202-209.

STOHR V., JOFFRAUD J.J., CARDINAL M., LEROI F., 2001. Spoilage potential and sensory profile associated with bacteria isolated from cold-smoked salmon. *Food Research International*, 34, 797-806.

SUAREZ M.H., FRANCISCO A., BEIRAO L.H., 2008. Influence of bacteriocins produced by *Lactobacillus plantarum* LPBM10 on shelf life of cachama hybrid fillets *Piaractus rachypomus* and *Colossoma macropomum* vacuum packaged. *Vitae, Revista de la Facultad de Quimica farmaceutica*, 15, 32-40.

TAHIRI I., DESBIENS M., BENECH R., KHEADR E., LACROIX C., THIBAULT S., OUELLET D., FLISS I., 2004. Purification, characterization and amino acid sequencing of divercin M35: a novel class IIa bacteriocin produced by *Carnobacterium divergens*. *Int. J. Food Microbiol.*, 97, 123-136.

TAHIRI I., DESBIENS M., KHEADR E., LACROIX C., FLISS I., 2009. Comparison of different application strategies of divergicin M35 for inactivation of *Listeria monocytogenes* in cold-smoked wild salmon. *Food Microbiol.*, 26, 783-793.

TAKAHASHI H., KURAMOTO S., MIYA S., KOISO H., KUDA T., KIMURA B., 2011. Use of commercially available antimicrobial compounds for prevention of *Listeria monocytogenes* growth in ready-to-eat minced tuna and salmon roe during shelf life. *J. Food Prot.*, 74, 994-998.

TOMÉ E., GIBBS P.A., TEIXEIRA P.C., 2008. Growth control of *Listeria innocua* 2030c on vacuum-packaged cold-smoked salmon by lactic acid bacteria. *Int. J. Food Microbiol.*, 121, 285-294.

TRUELSTRUP HANSEN L., HUSS H.H., 1998. Comparison of the microflora isolated from spoiled cold-smoked salmon from three smokehouses. *Food Res. Int.*, 31, 703-711.

TSAI Y.H., LIN C.Y., CHIEN L.T., LEE T.M., WEI C.I., HWANG D.F., 2006. Histamine contents of fermented fish products in Taiwan and isolation of histamine-forming bacteria. *Food Chemistry* 98, 64-70.

VESCOVO M., SCOLARI G., ZACCONI C., 2006. Inhibition of *Listeria innocua* growth by antimicrobial-producing lactic acid cultures in vacuum-packed cold-smoked salmon. *Food Microbiol.*, 23, 689-693.

WARRINER K., NAMVAR A., 2009. What is the hysteria with *Listeria*? *Trends Food Sci. Tech.*, 20, 245-254.

WEISS A., HAMMES W.P., 2006. Lactic acid bacteria as protective cultures against *Listeria* spp. on cold-smoked salmon. *European Food Research and Technology*, 222, 343-346.

WILSON B., DANILOWICZ B.S., MEIJER W.G., 2008. The Diversity of Bacterial Communities Associated with Atlantic Cod *Gadus morhua*. *Microbial Ecology*, 55, 425-434.

WITTMAN R.J., FLICK G.J., 1995. Microbial contamination of shellfish: prevalence, risk to human health, and control strategies. *Annu. Rev. Public Health*, 16, 123-140.

XI D., 2011. Application of probiotics and green tea extract in post-harvest processes of Pacific oysters (*Crassostrea gigas*) for reducing *Vibrio parahaemolyticus* and extending shelf life, PhD thesis, Oregon State University, USA.

YAMAZAKI K., SUZUKY M., KAWAI Y., INOUE N., MONTVILLE T.J., 2003. Inhibition of *Listeria monocytogenes* in cold-smoked salmon by *Carnobacterium piscicola* CS526 isolated from frozen surimi. *J. Food Prot.*, 66, 1420-1425.

YAMAZAKI K., SUZUKI M., KAWAI Y., INOUE N., MONTVILLE T.J., 2005. Purification and characterization of a novel class IIa bacteriocin, piscicocin CS526, from surimi-associated *Carnobacterium piscicola* CS526. *Appl. Environ. Microbiol.*, 71, 554-557.

YIN L.J., WU C.W., JIANG S.T., 2007. Biopreservative effect of pediocin ACCEL on refrigerated seafood. *Fisheries Science*, 73, 907-912.

YONGJIN H., WENSHUI X., XIAOYONG L., 2007. Changes in biogenic amines in fermented silver carp sausages inoculated with mixed starter cultures. *Food Chemistry*, 104, 188-195.

ZAMAN M.Z., ABU BAKAR F., JINAP S., BAKAR J., 2011. Novel starter cultures to inhibit biogenic amines accumulation during fish sauce fermentation. *Int. J. Food Microbiol.*, 145, 84-91.

Chapitre 6

Applications aux produits alimentaires d'origine végétale

E. Hamon, C. Denis, M.H. Desmonts, V. Stahl

▸▸ Introduction

La biopréservation des produits alimentaires d'origine végétale est utilisée pour en améliorer la qualité microbiologique. Les applications principales concernent les fruits et légumes crus ou transformés et les produits de panification, et mettent principalement en œuvre des cultures de bactéries lactiques productrices de bactériocines et/ou les bactériocines (Settani et Corsetti, 2008). L'application des bactériocines peut être envisagée *via* l'utilisation de bactériocine purifiée (additif alimentaire), de préparations partiellement purifiées (ingrédient alimentaire), ou encore au cours des procédés de lavage des fruits et légumes, en tant qu'auxiliaire technologique.

▸▸ Fruits et légumes crus

Nous traiterons dans ce paragraphe de la biopréservation appliquée aux fruits et légumes après récolte. Le marché des fruits et légumes est important sur le plan économique et de nombreuses pertes sont dues aux maladies post-récolte, telles que les anthracnoses ou les pourritures d'origine bactérienne ou fongique. De nombreuses voies ont été explorées pour lutter contre le développement de ces maladies. Par ailleurs, dans les années 1980, avec l'évolution des attentes des consommateurs, une nouvelle gamme de produits prêts à l'emploi (végétaux faiblement transformés) est apparue. Le marché des légumes frais prédécoupés dits de « quatrième gamme » a connu un essor important et constant, avec une grande diversité de produits (légumes feuilles, légumes racines, mélanges variés, fruits, etc.). Les procédés de fabrication (manipulation, désinfection, etc.) et de conservation (emballage et atmosphère, basses températures) de ces produits modifient la nature des flores présentes à la surface du végétal et les conditions de leur développement. L'étude de la qualité microbiologique des légumes de quatrième gamme a permis d'identifier les flores d'altération potentielle et les micro-organismes pathogènes pouvant être présents (Denis et Picoche, 1986 ; NGuyen-The et Carlin, 1994), ainsi que l'impact des procédés sur les communautés microbiennes (Schuenzel et Harrison, 2002). Quelques intoxications alimentaires, pour lesquelles la consommation de végétaux prêts à l'emploi a été mise en cause, ont été recensées dans le monde. Ainsi, même si la prévalence de ces intoxications est faible, *Salmonella*, *Listeria monocytogenes* (Beuchat *et al.*, 1990 ; Beuchat, 1996 ; Crépet *et al.*, 2007), *Escherichia coli* entérohémorragiques, et notamment *E. coli* O157:H7, constituent des dangers microbiologiques en référence à la consommation de végétaux. Entre 1996 et 2006, une vingtaine de toxi-infections alimentaires liées à *E. coli* O157:H7 ont été attribuées à des légumes frais et des légumes prêts à l'emploi, notamment à des pousses d'épinards aux États-Unis (Grant *et al.*, 2008), et de la laitue en Suède (Söderström *et al.*, 2005) et aux États-Unis (Anonyme, 2010). En 2011, des graines germées ont été mises en cause dans une intoxication à *E. coli* O104:H4 en France (Gault *et al.*, 2011) et en Allemagne (Scheutz *et al.*, 2011).

L'utilisation d'une flore compétitive, principalement les bactéries lactiques et/ou les bactériocines qu'elles produisent, a été envisagée pour assurer la qualité sanitaire des fruits et légumes frais prédécoupés. La biopréservation par les phages a été également étudiée contre divers germes pathogènes présents dans les fruits et légumes.

Contrôle biologique des maladies post-récolte des fruits et légumes

La lutte contre les maladies post-récolte des fruits et légumes (pourritures molles, développement de taches en surface des feuilles ou des fruits) fait le plus souvent appel à l'utilisation de fongicides. Face aux problèmes d'acquisition de résistance des micro-organismes, ainsi qu'aux risques liés à leur utilisation en termes de santé publique, l'utilisation d'agents biologiques constitue une alternative plus écologique, qui présente un regain d'intérêt. La lutte biologique contre les maladies post-récolte peut être envisagée en favorisant les flores antagonistes naturellement présentes à la surface du végétal ou en apportant, de façon artificielle, des flores compétitrices ou inhibitrices. Ces agents antagonistes agissent par production d'antibiotiques, par compétition nutritive ou par induction d'une résistante chez l'hôte (Wilson et Wisniewski, 1989). Une revue bibliographique récente recense plus d'une quarantaine d'espèces de micro-organismes antagonistes (bactéries, levures et moisissures) actifs contre diverses maladies, en grande majorité des fruits (Sharma *et al.*, 2009b). Parmi les dernières études effectuées dans le domaine, on peut citer celle qui est relative à l'efficacité de *Bacillus subtilis* contre la pourriture brune de pêches (Zhang *et al.*, 2010).

Biopréservation des fruits et légumes prêts à être consommés : utilisation de bactéries lactiques productrices de bactériocines

Quelques travaux mettant en œuvre l'utilisation de cultures de bactéries lactiques, ont été menés *in vitro* sur des jus de légumes en vue d'inhiber *L. monocytogenes* (Breidt et Fleming, 1998 ; Allende *et al.*, 2007). La croissance de bactéries lactiques

(*Lactococcus lactis*, *Lactobacillus plantarum*, *Lactobacillus paraplantarum*, *Pediococcus acidilactici*), ainsi que leur production de bactériocines et d'acides, ont été étudiées dans du jus de laitue à 4 °C, 10 °C et 32 °C (Allende *et al.*, 2007). Seule une souche de *L. lactis* présentait une activité inhibitrice à basse température (4 °C et 10 °C) accompagnée d'une faible acidification du jus.

Très peu d'études concernent l'utilisation de cultures de bactéries lactiques sur des végétaux non fermentés (Settani et Corsetti, 2008). Deux souches de bactéries lactiques, *Enterococcus mundtii* et *Pediococcus parvulus*, ont été testées pour leur capacité à produire des bactériocines sur un milieu gélosé à base de légumes, en fonction de la température et des concentrations en CO_2 (Bennik *et al.*, 1999). La souche d'*E. mundtii* a été ensemencée par pulvérisation sur des pousses de haricot mungo (mungbean) artificiellement contaminées par *L. monocytogenes* et conservées sous atmosphère modifiée (CO_2/N_2) à 8 °C. L'efficacité s'est révélée modérée, en comparaison avec les résultats obtenus sur gélose.

L'utilisation de cultures bactériennes productrices de bactériocines pour la biopréservation des fruits et légumes non fermentés présente plusieurs inconvénients : d'abord, les caractéristiques physicochimiques du végétal (composition, pH, etc.) et les conditions de conservation (température, atmosphère) ne sont pas toujours optimales voire sont limitantes pour la production et l'activité de bactériocines dont l'efficacité est souvent faible *in situ* ; ensuite, l'adjonction de cultures de bactéries lactiques à des concentrations élevées peut avoir un impact organoleptique non négligeable. C'est pourquoi, les applications concernent surtout l'utilisation de bactériocines extraites de bactéries lactiques.

Utilisation de bactériocines comme auxiliaires technologiques ou additifs

Plusieurs études ont été conduites sur l'utilisation de diverses bactériocines pour la filière des légumes de quatrième gamme. Ces bactériocines peuvent être apportées par pulvérisation, mais le sont le plus souvent dans les eaux de lavage des fruits et légumes. Ce type d'application constitue une alternative intéressante à l'utilisation du chlore, qui est remise en cause du fait de la libération possible de chloramines.

L'application de nisine a permis de réduire de 1,4 log la population en *L. monocytogenes* dans de la salade César (Cai *et al.*, 1997). Randazzo *et al.* (2009) ont étudié l'impact de la nisine apportée par pulvérisation sur de la laitue Iceberg prédécoupée fortement inoculée par *L. monocytogenes* (6,2 log UFC/g). Une réduction de la population de *L. monocytogenes* de 1,9 à 2,7 log UFC/g a été observée après 7 jours de conservation à 4 °C, comparativement aux salades non traitées (tableau 6.1).

Allende *et al.* (2007) ont étudié deux bactériocines, la nisine et la coaguline, produites respectivement par une souche de *L. lactis* et une souche de *L. paraplantarum*. Les surnageants de culture ont été apportés dans une solution de lavage de laitue, coupée et préalablement artificiellement contaminée par *L. monocytogenes*. La population en *L. monocytogenes* était réduite de 1,2 à 1,5 log UFC/g après lavage, en présence des bactériocines. Lors d'une conservation à 4 °C en sachets plastiques, dans le cas de la coaguline, aucune multiplication de *L. monocytogenes*

Tableau 6.1. Utilisation de bactériocines dans les végétaux crus.

Aliment	Bactériocine étudiée	Conditions expérimentales	Souche productrice	Bactérie cible	Effet observé	Référence
Pousse de haricot mungo	Mundticine	Application durant le lavage ou sous forme d'enrobage Stockage à 8 °C sous atmosphère modifiée	*E. mundtii*	*L. monocyto-genes*	Réduction	Bennik *et al.*, 1999
Salade Caesar	Nisine	Contamination de la salade par *L. lactis* 108 cellules/g Stockage 10 j à 4 °C et 10 °C	*L. lactis* subsp. *lactis*	*L. monocyto-genes*	Réduction de 1,4 log	Cai *et al.*, 1997
Laitue iceberg	Nisine RUC9 et Nisaplin (commercial)	Pulvérisation du surnageant de culture de *L. lactis* RUC9 ou de la solution de nisine commerciale (2 µg/l) Conditionnement des salades en sachets polypropylène et conservation à 4 °C	*L. lactis* RUC9	*L. monocyto-genes*	Réduction de 1,9 à 2,7 log après 7 j à 4 °C	Randazzo *et al.*, 2009
Laitue prédécoupée	Nisine et Coaguline	Apport des surnageants de culture dans la solution de lavage Conditionnement des salades en sachets polypropylène et conservation à 4 °C	*L. lactis* et *L. paraplan-tarum*	*L. monocyto-genes*	Réduction de 1,2 à 1,5 log après lavage Après 7 j à 4 °C, les niveaux de population atteints sont équivalents pour les salades lavées avec de l'eau	Allende *et al.*, 2007
Melon	Nisine	Eaux de lavage 25 µg/ml couplé à H_2O_2 et acides lactique et citrique	*L. monocyto-genes* *E. coli* O157:H7	Synergie de la nisine et des autres composés chimiques Réduction de 3 à 4 log	Ukuku *et al.*, 2005
		Nisine (50 µg/ml) combiné à EDTA, sorbate K et lactate Na Lavage du melon entier ou contamination directe des morceaux Conservation à 5 °C durant 7 j	*Salmonella*	Efficace seulement si nisine combinée avec d'autres composés Réduction de 3 log (melon entier) et 1,4 log (morceaux) après lavage	Ukuku et Fett, 2004

Aliment	Bactériocine étudiée	Conditions expérimentales	Souche productrice	Bactérie cible	Effet observé	Référence
Chou, broccoli, germes de haricot mungo	Nisine et Pédiocine	Nisine 50 μg/ml Pédiocine 100 AU/ml couplée à des acides organiques et à l'EDTA dans les eaux de lavage	*L. lactis*	*L. monocytogenes*	Réduction de 2,2 à 4,3 log Pédiocine plus efficace que la nisine Synergie avec les acides	Bari *et al.*, 2005
Pousses de luzerne, germes de soja, asperges vertes	Entérocine AS-48	Immersion dans la solution d'entérocine (25 μg/ml) 5 min à température ambiante Étude de la combinaison entérocine et d'autres composés antimicrobiens	*E. faecalis*	*L. monocytogenes*	Réduction de 2 à 2,4 log pour la luzerne et le soja ; effet limité pour l'asperge ; pas de croissance à 6 °C Augmentation de l'effet en présence d'autres composés antimicrobiens	Cobo-Molinos *et al.*, 2005
				B. cereus/ *B. weihenstephanensis*	Réduction de 1 à 2,4 log selon l'espèce ; pas de croissance à 6 °C Meilleur effet en présence d'autres composés antimicrobiens	Cobo-Molinos *et al.*, 2008
Jus d'orange, raisin, pomme	Nisine	Addition de nisine (100 AU/ml)	*L. lactis*	*A. acidoterrestris*	Développement inhibé Diminution de la thermorésistance	Komitopoulou *et al.*, 1999 Settani et Corsetti, 2008
Jus d'orange, raisin, ananas, pêche et pomme	Entérocine AS-48	Ajout dans le jus (2,5 μg/ml)	*E. faecalis*	*A. acidoterrestris*	Pas de cellule viable détectée après ajout 90 j à 4 °C et 15 °C	Grande *et al.*, 2005
Jus de pomme	Entérocine AS-48 couplée aux champs électriques pulsés (CEP) 35 kV/cm, 150 Hz	0,175 à 1,05 AU/ml CEP 1 000 μsec 0,5 à 2 μg/ml CEP 100 à 1 000 μsec	*E. faecalis*	*P. parvulus*	Inactivation 6,6 log pour 0,613 AU/ml et 1000 μsec	Martinez Viedma *et al.*, 2010
				L. diolivorans	Inactivation 4,9 log pour 2 μg /ml et 1000 μsec	Martinez Viedma *et al.*, 2009

n'a été observée après 3 jours. Cependant, après 7 jours de conservation, aucune différence entre les niveaux de population n'était constatée pour les salades traitées par les bactériocines et les salades lavées avec de l'eau. Les auteurs soulignent la possibilité d'un effet antimicrobien combiné à celui du pH acide des eaux de lavage contenant les bactériocines. D'autres études ont porté sur l'inhibition de *L. monocytogenes* dans le melon par ajout de nisine combiné à celui d'EDTA (Ukuku et Fett, 2002) et de H_2O_2, de lactate de sodium et d'acide citrique (Ukuku *et al.*, 2005). Ces auteurs ont également étudié l'efficacité de la nisine associée à des traitements chimiques, à la surface du melon et sur des morceaux fraîchement coupés, vis-à-vis de *Salmonella* (Ukuku et Fett, 2004) et d'*E. coli* O157:H7 (Ukuku *et al.*, 2005). L'utilisation synergique de la nisine et d'autres composés chimiques s'est avérée efficace avec des réductions de 3 à 4 log en surface des melons à 5 °C (tableau 6.1).

L'utilisation d'entérocine AS-48 a été testée sur des pousses de luzerne, des germes de soja et des asperges vertes avec des réductions observées de 2 à 2,4 log pour *L. monocytogenes* (Cobo-Molinos *et al.*, 2005), et de 1 à 2,4 log pour *Bacillus cereus* et *Bacillus weihenstephanensis* (Cobo-Molinos *et al.*, 2008). L'effet de l'entérocine est accentué en présence d'autres composés antimicrobiens. L'application d'une bactériocine pure, la mundticine, extraite d'une souche d'*E. mundtii,* durant le lavage de haricot mungo ou sous forme d'enrobage dans un film d'alginate, s'est également révélée efficace contre *L. monocytogenes* (Bennik *et al.*, 1999). Par ailleurs, Bari *et al.* (2005) ont montré l'effet combiné de bactériocines associées avec d'autres antimicrobiens, tels que des acides organiques et de l'EDTA, sur *L. monocytogenes* dans le chou, les brocolis et les germes de haricot mungo (tableau 6.1).

Quelques études concernent les jus de fruits et de légumes, frais ou pasteurisés, dans le but de freiner le développement de flore bactérienne d'altération. Dans ces produits, *Alicyclobacillus acidoterrestris* pose des problèmes de stabilité, du fait de son acidorésistance. Ainsi, l'ajout de nisine dans des jus d'orange, de raisin et de pomme, permet d'éviter le développement de la bactérie et de diminuer de 40 % la thermorésistance des spores (Komitopoulou *et al.*, 1999). L'inactivation de spores et de cellules végétatives d'*A. acidoterrestris* a été également observée avec de l'entérocine AS-48 ajoutée dans des jus d'orange, de raisin, d'ananas, de pêche et de pomme incubés à 4 °C ou 15 °C durant 3 mois (Grande *et al.*, 2005). Enfin, l'entérocine AS-48 a été utilisée en combinaison avec des champs électriques pulsés pour inactiver des bactéries lactiques altérantes productrices d'exopolysaccharides (*P. parvulus* et *Lactobacillus diolivorans*) dans du jus de pomme (Martinez Viedma *et al.*, 2009, 2010).

Utilisation des phages

Les bactériophages sont des particules biologiques ubiquitaires et naturellement présentes dans l'environnement (eau, sol, plantes), où ils représentent la forme de vie la plus abondante. Ils sont également rencontrés dans les aliments de diverses origines. Les bactériophages peuvent être considérés comme des ennemis naturels des bactéries et, du fait de leur grande spécificité, ils sont des agents d'intérêt pour la biopréservation (voir page 34).

L'efficacité de bactériophages actifs contre *L. monocytogenes* a été étudiée dans des fruits coupés et une réduction de 2 à 4,6 log a été observée dans du melon fraîchement découpé (Leverentz *et al.*, 2003), tandis que l'efficacité était plus faible dans de la pomme. Au cours de cette étude, l'utilisation des suspensions phagiques en combinaison avec de la nisine a donné les résultats les plus efficaces. L'optimisation des conditions d'application du phage a, en outre, permis d'améliorer son efficacité (Leverentz *et al.*, 2004).

Des préparations phagiques anti-*E. coli* O157:H7 ont été testées dans divers végétaux. Des réductions significatives ont été observées dans de la laitue Iceberg prédécoupée (Sharma *et al.*, 2009a), ainsi que dans des tomates, des épinards et des brocolis (Abuladze *et al.*, 2008).

▸▸ Produits d'origine végétale transformés fermentés

Application de bactéries lactiques productrices de bactériocines dans les produits végétaux fermentés

En général, les souches utilisées comme ferment (de démarrage de fermentation) pour les aliments fermentés sont principalement sélectionnées sur la base de leur potentiel technologique, tel que la production d'acide et d'exopolysaccharides, et de leur contribution au développement de saveurs et arômes. Par ailleurs, d'autres caractéristiques sont prises en compte, par exemple la capacité à améliorer la qualité nutritionnelle et à réduire les composés toxiques des matières premières, ou encore leur aptitude probiotique (Settani et Corsetti, 2008). L'activité protectrice de ces ferments, par production de substances antimicrobiennes ou par effet Jameson, peut constituer un effet positif mais secondaire des cultures starter, alors qu'elle représente la caractéristique recherchée des cultures protectrices. Cette activité ne doit pas altérer ou interférer négativement avec le processus de fermentation, ni affecter les propriétés sensorielles du produit final. La culture protectrice peut être appliquée seule à un stade donné du procédé de fermentation, ou en co-culture avec une ou plusieurs flores d'intérêt technologique. L'application de cultures de protection est considérée comme un atout supplémentaire pour assurer la stabilité microbiologique des aliments. Il peut s'agir de réduire les risques de croissance et de survie de bactéries pathogènes d'origine alimentaire et/ou de micro-organismes d'altération des aliments (Holzapfel *et al.*, 1995).

Olives de table

Dans le processus de sélection des cultures de levain de fermentation des olives vertes « style espagnol », la production de composés antimicrobiens est recherchée. Jiménez-Diaz *et al.* (1993) et Franz *et al.* (1996) ont sélectionné des ferments potentiels, en se concentrant sur le dépistage des bactéries lactiques productrices de bactériocines et provenant d'olives de table : les souches les plus intéressantes étaient *Enterococcus faecium* (Franz *et al.*, 1996) et *L. plantarum* (Jiménez-Díaz *et al.*, 1993) (tableau 6.2). Des études plus récentes se sont intéressées à *Lactobacillus pentosus*

Tableau 6.2. Utilisation de flores lactiques dans les produits végétaux fermentés.

Matrice alimentaire	Souche utilisée	Conditions expérimentales	Bactérie cible	Effet comparé au témoin	Référence
Kimchi	*Leuconostoc citreum* GJ7 producteur de kimchicine Gj7	8 log UFC/ml (ferment starter) Stockage 28 à 125 j à -1 °C	*L. plantarum* spp. autres	Meilleure qualité sensorielle	Chang et Chang, 2010
		8 log UFC/ml (ferment starter) 48 h à 10 °C puis 15 j à 7 °C	*E. coli* O157:H7	Réduction de 1,2 log	Chang et Chang, 2011
			S. enterica Typhimurium	Réduction de 1,5 log	
			S. aureus	Réduction de 2,8 log	
Choucroute	*Lactobacillus plantarum* L4 – producteur de bactériocine et *Leuconostoc mesenteroïdes* LMG7934	42 j à température ambiante ; 2,5 % et 4 % NaCl	*E. coli*	Absence d'effet	Beganovic *et al.*, 2011
			S. enterica Typhimurium	Croissance inhibée	
			B. cereus	Croissance inhibée	
			Entérobactéries	Croissance inhibée	
			B. subtilis	Absence d'effet	
	Lactococcus lactis producteur de nisine et *Leuconostoc mesenteroïdes*	42 j à température ambiante ; 2,5 % et 4 % NaCl	*L. plantarum*	Croissance inhibée	Harris *et al.*, 1992

Matrice alimentaire	Souche utilisée	Conditions expérimentales	Bactérie cible	Effet comparé au témoin	Référence
Tranches de pain, pâte à pain au levain	*L. plantarum* 1A7 et *W. anomalus* LCF1695	28 j à température ambiante	Moisissures	Prévention d'apparition	Coda *et al.*, 2011
	L. plantarum LM05 et *L. alimentarius* LM07	28 j à température ambiante	*Bacillus licheniformis* et *Bacillus subtilis*	Croissance inhibée	Mentes *et al.*, 2007
	L. amylovorus DSM 19280	14 j à température ambiante	*A. fumigatus* *F. culmorum* *A. niger* *P. expansum* *P. roquefortii*	Inhibition/retard de croissance Durée de vie de 10 à 14 j (2 j de plus que 0,3 % propionate Ca)	Ryan *et al.*, 2011
	L. plantarum 21B et *S cerevisiae* 141	14 j à température ambiante	*A. niger*	Durée de vie de 7 j (5 j de plus que sans)	Lavermicocca *et al.*, 2000
Levain	*L. reuteri* LTH2584	6 h à température ambiante	*B. cereus* *S. aureus* *E. faecalis*	Croissance inhibée	Gänzle, 1998, ; Gänzle et Vogel, 2003
Olives	*L. plantarum* LPC010	25 j à température ambiante ; début de fermentation	Bactéries lactiques naturelles	Croissance inhibée	Jiménez-Diaz *et al.*, 1993
	L. plantarum NC8	80 j à température ambiante	Co-culture avec *E. faecium* et *P. pentosaceus*	Meilleure production de bactériocines	Ruiz Barba *et al.*, 2010

(Hurtado *et al.*, 2011) ou *L. plantarum* (Ruiz-Barba *et al.*, 2010). *L. plantarum* a été évalué pour sa capacité à dominer la population naturelle de bactéries lactiques des olives fermentées, grâce à la production de bactériocines (Ruiz-Barba *et al.*, 1994 ; Leal *et al.*, 1998 ; Leal-Sánchez *et al.*, 2003). Le meilleur résultat a été obtenu avec l'ajout de 10^7 UFC/ml de *L. plantarum* dans de la saumure à 4 % de NaCl (Leal-Sánchez *et al.*, 2003).

Kimchi

Le kimchi est un aliment fermenté lactique d'origine végétale, traditionnel en Corée (Lee *et al.*, 2005). Lors de la fermentation naturelle du kimchi, pratiquée depuis le XVIIIe siècle, interviennent d'abord les leuconostocs, comme *Leuconostoc mesenteroides* et *Leuconostoc citreum*, puis des lactobacilles, tels que *L. plantarum* et *Lactobacillus sakei* (Cheigh et Park, 1994). La présence excessive de ces derniers, ou encore la présence de levures, peut entraîner des défauts de surmaturation du kimchi, comme un goût trop acide et une texture trop molle (Lee *et al.*, 1992, 1993, 2005). L'utilisation de *L. citreum* dans le ferment de départ (starter) du kimchi permet de prolonger la durée de vie d'au moins 70 jours en prévenant l'apparition de levures et moisissures, tout en maintenant de bonnes qualités organoleptiques (Chang et Chang, 2010). La présence de *L. citreum* dans le ferment peut également accentuer l'effet antimicrobien contre des bactéries pathogènes, telles que *E. coli* O157:H7, *Salmonella enterica* Typhimurium et *Staphylococcus aureus*, en particulier grâce à la production d'une bactériocine appelée kimchicine (Chang et Chang, 2011) (tableau 6.2). Neuf souches de *L. sakei*, issues de kimchi fermenté, ont montré une activité antimicrobienne contre des pathogènes (Lee *et al.*, 2011) et pourraient également être utilisées pour contrôler la fermentation du kimchi.

Choucroute

La choucroute est le produit le plus courant parmi ceux issus de la fermentation du chou, fermentation le plus souvent spontanée. La qualité de la choucroute ainsi obtenue dépend du substrat et de la population microbienne naturellement présente, qui est variable, même si les espèces dominantes sont des lactobacilles hétérofermentaires pendant la première semaine, puis des lactobacilles homofermentaires plus tolérants à la présence d'acides (Fleming *et al.*, 1995). La concentration en sel et la température de fermentation (souvent de 2 % de NaCl et à température ambiante en France) ont également un rôle important (Beganovic *et al.*, 2011 ; Penas *et al.*, 2010). L'utilisation d'un ferment de départ fonctionnel (starter) pourrait permettre une meilleure maîtrise de la qualité sanitaire de la choucroute (Beganovic *et al.*, 2011 ; Johanningsmeier *et al.*, 2007). Ainsi, l'inoculation de *L. plantarum* et *L. mesenteroides* dans de la choucroute permettent une inhibition accrue de *S. aureus*, *S. enterica* Typhimurium et *B. cereus* (Beganovic *et al.*, 2011) (tableau 6.2). Dès 1992, Harris *et al.* signalaient la possibilité d'utiliser un ferment de démarrage pour la choucroute, composé d'une souche de *L. mesenteroides* résistante à la nisine et d'une souche de *L. lactis* productrice de nisine. La nisine, présente à un niveau constant durant les 12 premiers jours, a permis de retarder la croissance de la souche de *L. plantarum* utilisée comme indicateur.

Levain et pain blanc

Le problème majeur pour la durée de vie des produits de panification reste, outre le danger pour l'Homme représenté par la production possible de mycotoxines, le risque d'altération par des moisissures de type *Aspergillus, Fusarium, Penicillium* et *Mucor* (Legan, 1993). D'autres altérations, comme l'existence de filaments visqueux, qui peuvent apparaître dans la pâte à pain, sont dues au développement de *B. subtilis* ou de *Bacillus licheniformis*. Une stratégie de lutte proposée est l'ajout de nouveaux ferments de démarrage dans le levain et/ou la pâte pour la fabrication de pain. Ainsi, Mentes *et al.* (2007) ont étudié l'inhibition des *Bacillus* à l'origine de ces défauts dans du pain blanc, par l'utilisation de levains constitués de souches de *L. plantarum* et de *Lactobacillus alimentarius* (tableau 6.2). Corsetti et Settani (2007) ont passé en revue la contribution de bactériocines produites par des lactobacilles, tels que *L. pentosus* (BLIS, *Bacteriocin Like Inhibitory Substance*), *L. lactis* (lacticine) et *Lactobacillus amylovorus* (amylovorine), à la stabilité des levains. Dans le but d'allonger la durée de conservation du pain, tranché ou non, l'inhibition des moisissures est possible par l'utilisation d'un levain fermenté par *L. plantarum* et de pâte fermentée avec *Wickerhamomyces anomalus* (anciennement *Pichia anomala*) (Coda *et al.*, 2011). Les tranches de pain emballées en sac de polyéthylène à température ambiante ne présentent aucune contamination visible par des moisissures pendant les 7 à 28 jours de stockage, ce qui indique un niveau d'efficacité comparable à l'ajout de propionate de calcium. Ces pains ou levains fermentés avec *L. amylovorus* ou *L. plantarum* se conservent mieux qu'avec du propionate de calcium (Ryan *et al.*, 2011 ; Lavermicocca *et al.*, 2000) (tableau 6.2). Les auteurs ont montré que cette action provient bien de la production de composés antifongiques (acides carboxyliques, acides gras, dipeptides).

Application d'une flore non lactique, productrice de bactériocine

Le produit « okpehe » est une soupe traditionnelle du Nigeria, élaborée à base de graines fermentées de *Prosopis africana* Taub. Des souches de *Bacillus* spp., dont *B. subtilis*, sont communément isolées des graines (Oguntoyinbo *et al.*, 2007 ; Sanni et Onilude, 1999). *B. subtilis*, connue comme bactérie d'altération et, dans des cas très rares, comme bactérie pathogène, a pourtant été proposée comme ferment pour la fermentation initiale des graines (Oguntoyinbo *et al.*, 2007). Deux souches non virulentes ont été retenues par les auteurs, *B. subtilis* BFE 5301 et BFE 5372, pour composer une culture starter présentant une croissance rapide, des activités amylolytique et protéolytique élevées, une forte acidification chez la souche BFE 5372, et la capacité à produire une bactériocine chez la souche BFE 5301.

Application des bactériocines de bactéries lactiques comme additifs alimentaires dans les produits végétaux fermentés

Une approche différente de l'utilisation de souches à propriétés antimicrobiennes dans les ferments consiste à incorporer directement les bactériocines dans le produit final fermenté ou dans les matières premières non traitées thermiquement.

L'utilisation de l'entérocine AS-48 est proposée à une concentration de 3 pg/ml dans du jus de pomme frais pour inhiber la croissance de *B. licheniformis* responsable de la formation de mucus donnant une apparence visqueuse dans le cidre (Grande *et al.*, 2006). Par ailleurs, l'entérocine AS-48 a été en mesure d'augmenter la sensibilité à la chaleur des spores. La combinaison de traitement thermique et d'entérocine AS-48 a été étudiée pour déterminer une réduction du temps d'inactivation complète des spores intactes dans le cidre (Galvez *et al.*, 1989).

Choi et Park (2000) ont testé l'effet de la nisine pure sur 40 souches de lactobacilles isolées du kimchi, dont *L. plantarum*, *Lactobacillus brevis* et *Lactobacillus malefermentans*. Parmi elles, 38 se sont montrées sensibles à la nisine à une concentration de 100 UA/ml. Dans le kimchi, la croissance des *Lactobacillus* spp. a été inhibée avec 100 UA/ml de nisine sans perturber la croissance des *Leuconostoc* spp., que l'on veut préserver lors de la fermentation (voir page 117). La nisine peut être utilisée à cette concentration pour préserver le kimchi.

Les produits végétaux fermentés sont une source intéressante de flores lactiques productrices de bactériocines ou d'autres composés efficaces contre les micro-organismes pathogènes – ou d'altération – dans d'autres produits. Ainsi, la pédiocine, efficace contre *L. monocytogenes*, est produite par *Pediococcus pentosaceus* isolé du kimchi fermenté (Shin *et al.*, 2008), ou encore par *L. plantarum*, issu également du kimchi, qui produit, en outre, du gamma-dodecalactone à propriété antifongique (Yang et Chang, 2010). On peut également citer les bactériocines produites par des bactéries isolées d'olives fermentées, telles que *E. faecium* et *L. mesenteroides* (Todorov et Dicks, 2005) ou *L. pentosus* (Hurtado *et al.*, 2011).

▸▸ Produits d'origine végétale transformés non-fermentés

L'application de la biopréservation par l'utilisation de souches appartenant majoritairement aux bactéries lactiques – productrices ou non de bactériocines – ou par ajout direct de bactériocines, a également été étudiée pour les produits végétaux non fermentés. Les souches utilisées pour cette application ont un rôle de culture protectrice ou de co-culture. L'action des bactériocines est envisagée, soit par sa production et son action dans la matrice alimentaire, soit par ajout en tant qu'additif. La faisabilité de ces applications est corrélée à l'aptitude à la croissance de la souche protectrice, à la production effective de l'inhibiteur ou de son action directe, et au degré de stabilité et de disponibilité de la bactériocine dans la matrice alimentaire. Différentes études se sont intéressées à l'inhibition de bactéries d'altération et de bactéries pathogènes pour l'homme. La température de conservation est un moyen de maîtrise essentiel pour ces produits non fermentés. La biopréservation, utilisant la microflore et/ou les substances inhibitrices produites, constituerait une technique complémentaire préventive et compatible avec l'image de « fraîcheur » de ces gammes de produits. Rodgers (2001) a proposé une méthodologie appliquée à la préservation des produits alimentaires réfrigérés non fermentés, impliquant l'utilisation de cultures bactériennes. Cette méthodologie inclut différentes étapes :

la sélection de cultures d'intérêt dans des milieux de laboratoires adaptés, l'identification de la nature de l'inhibition, des essais de validation dans les aliments et l'identification de stratégies optimisant l'effet inhibiteur.

Utilisation de différentes flores lactiques, productrices ou non de bactériocines

En ce qui concerne les plats cuisinés pasteurisés conditionnés sous vide ou sous-atmosphère protectrice, de nombreux auteurs ont étudié la maîtrise de contaminants sporulés psychrotrophes, tels que *B. cereus* et *Clostridium botulinum*. Les niveaux de traitements thermiques préservant la qualité nutritive et organoleptique ne sont pas toujours suffisants pour éliminer les spores. Le danger de germination/multiplication et/ou de production de toxines est identifié pour ces produits à longue durée de vie. En outre, les sources de rupture de la chaîne du froid sont non négligeables lors de leur commercialisation directe aux consommateurs ou lors de l'utilisation en restauration collective. L'efficacité des flores protectrices est dépendante de différents facteurs, dont la température, le pH et le niveau d'inoculum initial. Généralement, des inocula élevés, de 10^6 à 10^9 UFC/g, sont nécessaires, en fonction du type d'aliment, du taux initial de la flore cible, de la composition en hydrates de carbone, de la présence d'autres inhibiteurs, et de la capacité à produire ou non une bactériocine (Rodgers, 2001). Les flores protectrices sont sélectionnées pour leur aptitude à croître dans l'aliment et à inhiber des bactéries indésirables pathogènes et/ou d'altération. Les flores protectrices thermosensibles sont souvent rajoutées postérieurement au traitement thermique (Gambas, 1989). L'application nécessite, selon les auteurs, une étude spécifique produit par produit (Skinner *et al.*, 1999) et ne doit pas se substituer aux bonnes pratiques de fabrication. Le Centre de recherche avancée pour l'aliment de l'Université de Sydney (Australie) a commercialisé une méthode de préservation à l'aide de bactéries lactiques (Rodgers, 2001), destinée aux aliments à traitements modérés, contribuant à l'inhibition de la croissance de *C. botulinum* et de la production de toxines. Des validations sur des produits commercialisés (produit de type curry de légume) ont mis en évidence un effet significatif de la nisine et de la pédiocine, bactériocines produites *in situ*, par les co-cultures de *L. lactis* et *P. pentosaceus* (Rodgers, 2004). Skinner *et al.* (1999) ont démontré la capacité d'une souche de *L. plantarum*, non productrice de bactériocine, à inhiber la production de toxines par des spores de *C. botulinum* de type A, B et E, à 5 °C, 15 °C et 25 °C, dans de la soupe de petits pois (tableau 6.3). L'effet de cette souche de *L. plantarum* a été attribué à sa capacité à diminuer significativement le pH du milieu. L'utilisation de la flore lactique est envisagée comme flore barrière à *C. botulinum*, lors de la rupture de la chaîne du froid.

Dans d'autres produits comme le lait de soja, Lauková et Czikková (1999) ont étudié l'aptitude de la souche d'*E. faecium* CCM 4231 à produire l'entérocine CCM 4231, après inoculation artificielle dans le lait de soja. Cette bactériocine de classe IIa a un effet bactéricide vis-à-vis de *L. monocytogenes* et un effet bactériostatique vis-à-vis de *S. aureus*. Deux heures après l'inoculation, 100 AU/ml d'entérocine CMM 4231 ont été produites (tableau 6.3). Cependant, la voie prioritaire d'étude en matière de biopréservation pour le lait de soja a été l'ajout direct de l'entérocine (tableau 6.4).

Tableau 6.3. Utilisation de flores lactiques dans les produits végétaux non fermentés.

Matrice alimentaire	Souche étudiée	Conditions expérimentales	Bactériocine produite	Bactérie cible	Effet observé	Référence
Lait de soja	*E. faecium* CCM 4231	Après 2 h d'inoculation, production d'entérocine à 100 AU/ml	Entérocine CCM 4231	*L. monocytogenes*	Bactéricide à 24 h	Lauková et Czikková, 1999 Settani et Corsetti, 2008
				S. aureus	Bactériostatique à 24 h	
Purée pasteurisée de courgette	*E. faecalis* EJ97	Inoculation de la souche productrice in situ	Entérocine EJ 97	*B. simplex* Inra P53-2 (origine purée de courgettes)	Absence d'inhibition Production d'entérocine in situ par la souche	García *et al.*, 2004 Settani et Corsetti, 2008
Soupe de petits pois pasteurisée réfrigérée	*L. plantarum* ATCC 8014	Inoculation de la soupe pasteurisée : L. plantarum, 106 UFC/g Spores de C. botulinum, 103 UFC/g Soupe : pH 6,2 ; aw 0,99 Température : 5 °C ; 15 °C ; 25 °C ; 35 °C	Non productrice	*C. botulinum* types A, B et E	Inhibition de la production de toxines	Skinner *et al.*, 1999

D'autres études ont porté sur les cornichons réfrigérés conditionnés dans une saumure épicée et salée. Ce produit n'est pas traité thermiquement et sa durée de vie (de 3 semaines à 3 mois) dépend de la température de réfrigération, de la présence de vinaigre et de l'ajout de conservateurs (benzoate de sodium). Reina *et al.* (2005) ont isolé et sélectionné dix souches de bactéries lactiques naturelles et productrices de bactériocines inhibitrices vis-à-vis de *L. monocytogenes*.

Application de bactériocines produites par des bactéries lactiques

Interactions entre les bactériocines et la flore indésirable dans des aliments modèles

L'étude de l'effet antagoniste d'une bactériocine vis-à-vis d'une bactérie cible est plus aisée dans un modèle stérile, indemne de flores endogènes, que dans l'aliment. Jamuna *et al.* (2005) ont évalué l'efficacité antibactérienne des bactériocines produites par des isolats de *Lactobacillus*, isolés de « appam batter » (recette à base de riz et de lait de coco) et de cornichon, ainsi que l'efficacité de la nisine dans un aliment modèle à base de végétaux (tableau 6.4). Ce modèle était constitué de « pulav » cuit (mélange de riz, de légumes et d'épices) conditionné dans des poches plastiques et autoclavé. *L. monocytogenes* et *S. aureus* ont significativement été inhibés au cours de la conservation (14 jours) par la bactériocine LABB. L'utilisation combinée de LABB et de la nisine a permis une inhibition maximale.

Ajout de bactériocine pure

Les bactéries sporulées, en particulier *Bacillus* spp., sont les contaminants majoritaires des purées à base de légumes (Carlin *et al.*, 2000). Certains travaux se sont intéressés à l'amélioration de la conservation réfrigérée de ce type de produit, sujet à l'altération.

Pour la purée de pomme de terre, le traitement thermique appliqué n'inactive pas les bactéries sporulées, telles que *Bacillus* spp. et *Clostridium* spp. (Gould, 1995). Ces spores sont présentes dans le produit final en conditions de conservation réfrigérée (< 4 °C) (Carlin *et al.*, 2000) et sont susceptibles, pour les espèces pathogènes, d'être à l'origine de toxi-infections alimentaires (Angulo *et al.*, 1998 ; Doan et Davidson, 2000). L'efficacité de la nisine, ajoutée à la purée de pomme de terre à 6,25 µg/g avant pasteurisation, a été étudiée vis-à-vis de *B. cereus* et *B. subtilis*, lors d'une conservation sous air durant 27 jours à 8 °C, et vis-à-vis de *Clostridium sporogenes* et *Clostridium tyrobutyricum*, lors d'une conservation sous vide, pendant 58 jours à 25 °C. La nisine a résisté à la pasteurisation et a montré un effet inhibiteur de la croissance des souches cibles.

Dans la purée de courgette, les espèces sporulées, *Lysinibacillus macroides* (ex-*Bacillus macroides* ; Coorevits *et al.*, 2012) et *Bacillus simplex* (incluant les souches précédemment dénommées *Bacillus macroccanus* ; Heyrman *et al.*, 2005), ont été identifiées comme pouvant être à l'origine de l'altération de la purée pasteurisée conservée à 4 °C (Guinebretiere *et al.*, 2001). García *et al.* (2004) ont étudié l'effet

Tableau 6.4. Utilisation de bactérocines, additifs dans les produits végétaux non fermentés.

Matrice alimentaire	Bactériocine ajoutée	Conditions expérimentales	Souche productrice de bactériocine	Bactérie cible	Effet observé	Références
Purée de courgette pasteurisée	Entérocine EJ 97	Milieu de laboratoire 3 conditions testées : (4 h / 37 °C) (24 h / 15 °C) (48 h / 4 °C)	*E. faecalis* EJ 97	*B. simplex* Inra P53-2 isolée de la purée de courgettes	Effet bactéricide Activité réduite à pH 5,0 et 9,0	García *et al.*, 2004 Settani et Corsetti, 2008
				L. macroides Inra P51-5	Effet inhibiteur moindre	
		Utilisation combinée avec un additif : nitrite de sodium ; benzoate de sodium ; lactate de sodium ; triphosphate de sodium			Activité augmentée par l'utilisation combinée avec un additif	
		In situ, dans la purée Concentration 10 fois supérieure à celle en milieu de laboratoire			Effet bactéricide démontré *in situ*	
Lait de soja	Entérocine CCM4231	3200 AU/ml	*E. faecium* CCM 4231	*L. monocytogenes*	Bactéricide à 24 h	Lauková et Czikková, 1999 Settani et Corsetti, 2008
				S. aureus	Bactériostatique à 24 h	

Matrice alimentaire	Bactériocine ajoutée	Conditions expérimentales	Souche productrice de bactériocine	Bactérie cible	Effet observé	Références
Conserves de légumes - sauce tomate ; pH 4,64 - sirop de pêches ; pH 3,97 - jus de conserve d'ananas ; pH 3,65	Entérocine AS-48	Étude de l'effet combiné, bactériocine (3 et 6 μg/ml) et traitement thermique (80-95 °C / 5 min.) Conservation 15 j	*E. faecalis*	*B. coagulans* CECT 561 (endospores)	À concentration élevée : non détection de cellules viables Effet significatif sur les spores Effet bactéricide sur les cellules végétatives : sous le seuil (UFC/g), évitant l'altération de la conserve Augmentation de l'inactivation du traitement thermique vis-à-vis des spores	Lucas *et al.*, 2006 Settani et Corsetti, 2008
		Étude effet de la combinaison, entérocine et autres additifs [acide lactique (15 %), glucose (10 %), saccharose (20 %)]	/		Inactivation renforcée des cellules végétatives par la bactériocine	
Cornichons	Entérocine L50 A/B		*E. faecium* L50	*L. monocytogenes*	Effet inhibiteur	Hata *et al.*, 2009
Soupes à base de légumes et purées	Entérocine AS-48	Ajout *in situ* dans la soupe (10 μg/ml) Conservation 30 j 6 °C ou 15 °C ou 22 °C	*E. faecalis* subsp. *liquefaciens* S-48	*B. cereus* *L. macroides* *Paenibacillus* spp.	Inhibition complète de *B. cereus*	Grande *et al.*, 2007a
Sauces végétales (crème d'asperge)	Entérocine AS-48	Utilisation seule ou en association avec des composés phénoliques 24 h / 22 °C	*E. faecalis* subsp. *liquefaciens* S-48	*S. aureus*	Réduction significative de la bactérie	Grande *et al.*, 2007b
		50 μg/ml ajout direct Conservation 30 j à 22 °C		*B. cereus* *L. macroides* *Paenibacillus* spp.	Mélange de 7 souches cibles : résistance plus élevée	Grande *et al.*, 2007a

inhibiteur de l'entérocine EJ 97, produite par la souche d'*Enterococcus faecalis* EJ 97, vis-à-vis de *L. macroides* Inra P51-5 et *B. simplex* Inra P53-2. Un effet bactéricide a été observé, qui dépendait des conditions d'incubation. Ainsi, un effet est observé pour certaines associations temps de contact/température : 4 h à 37 °C, 24 h à 15 °C et 48 h à 4 °C. L'utilisation de la bactériocine, associée à un additif, augmente l'effet bactéricide (tableau 6.4).

Un autre produit, comme le lait de soja en poudre, potentiellement contaminé par *L. monocytogenes* et *S. aureus*, a été étudié. Lauková et Czikková (1999) ont évalué l'efficacité de l'entérocine CCM 4231, ajoutée à 3200 AU/ml, à inhiber la croissance des deux bactéries cibles dans le lait de soja. Le mode d'action à 24 h est bactéricide vis-à-vis de *L. monocytogenes*, et bactériostatique vis-à-vis de *S. aureus* (tableau 6.4). La disponibilité de la bactériocine et son efficacité nécessitent la maîtrise d'un ajout homogène dans l'aliment.

Les conserves de légumes à pH acidifié peuvent s'altérer en raison de la présence de spores thermorésistantes de *Bacillus coagulans*. La germination des spores de *B. coagulans* est possible, bien que le pH soit acide (Anderson, 1984 ; Mallidis *et al.*, 1990). Lucas *et al.* (2006) ont étudié l'inactivation de cellules végétatives ou des endospores de *B. coagulans* CECT 561 et CECT 12 par l'entérocine AS-48. L'enté-rocine a été ajoutée à deux concentrations (3 et 6 µg/ml) dans des conserves de légumes à des niveaux de pH différents : conserves de sauce tomate (pH 4,64), sirop de pêche (pH 3,97) et jus d'ananas (pH 3,65) (tableau 6.4). Après 15 jours, l'effet bactéricide de la bactériocine à 6 µg/ml est significatif vis-à-vis des cellules végé-tatives de *B. coagulans* (CECT 561 et 12), mais non significatif sur les spores. Les auteurs ont démontré, par ailleurs, que l'utilisation d'additifs renforce l'efficacité de la bactériocine. L'ajout de bactériocine accentue également l'inactivation des spores par un traitement thermique de 80 à 95 °C pendant 5 min.

Grande *et al.* (2007a et 2007b) ont étudié l'effet de l'utilisation d'entérocine dans des soupes et sauces à base de légumes et prêtes à l'emploi. Les souches cibles sont *B. cereus*, producteur d'entérotoxine, et les espèces *B. coagulans*, *Paenibacillus* spp., responsables d'altération. L'entérocine AS-48 est efficace contre les souches cibles et diminue la thermorésistance des endospores (tableau 6.4). L'effet synergique de l'utilisation de l'entérocine AS-48 combinée à des antibactériens, comme des composés phénoliques, permet une inhibition plus élevée des souches cibles.

Hata *et al.* (2009) ont mis en évidence un effet inhibiteur de l'entérocine produite par *E. faecalis* N1-33 vis-à-vis de *L. monocytogenes* dans les cornichons non fermentés (tableau 6.4).

Effet combiné d'une bactériocine pure et d'une souche productrice de bactériocine

Schillinger *et al.* (2001) ont étudié l'effet combiné de la nisine associée à différentes souches de bactéries lactiques productrices de bactériocine (*E. faecium* BFE 900-6a ; *L. sakei* Lb 706-1a et *L. lactis* BFE 902). Dans du Tofu conservé à 10 °C pendant 7 jours, l'effet bactéricide de la nisine vis-à-vis de *L. monocytogenes* est augmenté lorsqu'elle est associée à *E. faecium* BFE 900-6a ou à *L. lactis* BFE 902 (tableau 6.5). Quand *L. monocytogenes* est inoculée à faible taux, la nisine inhibe la croissance de la bactérie pathogène. Parallèlement, les souches protectrices testées se développent à une concentration suffisante pour inhiber à leur tour son développement.

Tableau 6.5. Utilisation combinée de bactériocine pure et d'une souche productrice de bactériocine.

Matrice alimentaire	Combinaison (nisine / souche productrice de bactériocine*)	Conditions expérimentales	Bactérie cible	Effet observé	Référence
Tofu (produit à base de soja)	Nisine / *E. faecium* BFE 900-6a	7 jours à 10 °C	*L. monocyto-genes* Scott A	Inhibition de croissance accrue par la présence de la flore lactique	Schillinger *et al.*, 2001
	Nisine / *L. lactis* BFE 902			Nisine seule : pas d'effet significatif	
	Nisine / *L. sakei* Lb 706-1a			Absence d'effet inhibiteur	

* Les souches d'*Enterococci* sont répertoriées en tant que telles dans la flore lactique naturelle contribuant à la fermentation de produits laitiers (Khan *et al.*, 2010). Les souches d'intérêt pour la biopréservation sont dépourvues d'activité hémolytique, et ne sont pas porteuses des gènes de résistance à la cytolysine et à la vancomycine (De Vuyst *et al.*, 2003).

▸▸ Conclusion et perspectives

L'application de cultures protectrices, majoritairement les bactéries lactiques, aux produits végétaux reste une voie à explorer. Des cultures protectrices à caractéristiques probiotiques représenteraient des opportunités supplémentaires d'application. Dans tous les cas, des études de validation spécifique par type de produit sont nécessaires. L'application de la biopréservation est envisagée comme un complément technologique aux moyens préventifs existants (HACCP, conservation à basse température, traitement thermique, conditionnement sous-vide ou sous-atmosphère protectrice).

Les bactériocines, étudiées expérimentalement, ont démontré leur efficacité dans différents produits végétaux fermentés ou non fermentés. Cependant, la législation reste stricte. L'application de souches productrices de bactériocines, en tant que souches protectrices, est à promouvoir selon les auteurs, bien que la production *in situ* de bactériocine soit délicate, car dépendante des conditions environnementales de l'aliment. D'une manière générale, l'ajout de bactériocine purifiée serait la voie technique optimale de lutte vis-à-vis de bactéries cibles pathogènes et d'altération, qu'il s'agisse de cellules végétatives ou de bactéries sporulées (Khan *et al.*, 2010). Par ailleurs, l'utilisation de bactériocine contribue à augmenter l'efficacité de certains traitements, tels que le traitement thermique. Les limites sont : le coût de production des bactériocines, les freins règlementaires, la dégradation dans l'aliment ou l'adsorption à d'autres molécules, et le spectre restreint des bactériocines vis-à-vis des bactéries cibles pathogènes ou d'altération. Des agents chélatants peuvent être associés pour les bactéries cibles à Gram négatif (Helander et Mattila-Sandholm, 2000). Une autre perspective envisagée est l'utilisation de conditionnement à propriété anti-microbienne, dans lequel la bactériocine est incorporée (Ercolini *et al.*, 2006 ; Mauriello *et al.*, 2005 ; Khan *et al.*, 2010).

▸▸ Références bibliographiques

ABULADZE T., LI M., MENETREZ M.Y., DEAN T., SENECAL A., SULAKVELIDZE A., 2008. Bacteriophages reduce experimental contamination of hard surfaces, tomato, spinach, broccoli, and ground beef by *Escherichia coli* O157:H7. *Appl. Environ. Microbiol.*, 74, 6230-6238.

ALLENDE A., MARTINEZ B., SELMA V., GIL M.I., SUAREZ J.E., RODRIGUEZ A., 2007. Growth and bacteriocin production by lactic acid bacteria in vegetable broth and their effectiveness at reducing *Listeria monocytogenes in vitro* and fresh-cut lettuce. *Food Microbiol.*, 24, 759-766.

ANDERSON R.E., 1984. Growth and corresponding elevation of tomato juice pH by *Bacillus coagulans*. *J. Food Sci.*, 49, 647-649.

ANGULO F.J., GETZ J., TAYLOR J.P., HENDRICKS K.A., HATHEWAY C.L., BARTH S.S., SOLOMON H.M., LARSON A.E., JOHNSON E.A., NICKEY L.N., REIS A.A., 1998. A large outbreak of botulism: the hazardous baked potato. *J. Infect. Dis.*, 178, 172-177.

ANONYME, 2010. Multistate outbreak of human *E. coli* O145 infections linked to shredded romaine lettuce from a single processing facility. http://www.cdc.gov/ecoli/2010/ecoli_o145/index.html.

BARI M.L., UKUKU D.O., KAWASAKI T., INATSU Y., ISSHIKI K., KAWAMOTO S., 2005. Combined efficacy of nisin and pediocin with sodium lactate, citric acid, phytic acid, and potassium sorbate and EDTA in reducing the *Listeria monocytognes* population of inoculated fresh-cut produce. *J. Food Prot.*, 68, 1381-1387.

BEGANOVIĆ J., PAVUNC A.L., GJURAČIĆ K., SPOLJAREC M., SUŠKOVIĆ J., KOS B., 2011. Improved sauerkraut production with probiotic strain *Lactobacillus plantarum* L4 and *Leuconostoc mesenteroides* LMG 7954. *J. Food Sci.*, 76, M124-M129.

BENNIK M.H.J., VAN OVERBEEK W., SMID E.J., GORRIS L.G.M., 1999. Biopreservation in modified atmosphere stored mungbean sprouts: the use of vegetable-associated bacteriocinogenic lactic acid bacteria to control the growth of *Listeria monocytogenes*. *Lett. Appl. Microbiol.*, 28, 226-232.

BEUCHAT L.R., BERRANG M.E., BRACKETT R.E., 1990. Presence and public health implications of *Listeria monocytogenes* on vegetables, *In : Foodborne Listeriosis* (Miller A.L., Smith J.L., Somkuti G.A., eds), Elsevier, New York, pp. 175-181.

BEUCHAT L.R., 1996. *Listeria monocytogenes*: incidence on vegetables. *Food Control*, 7, 223-228.

BREIDT F., FLEMING H.P., 1998. Modeling of the competitive growth of *Listeria monocytogenes* and *Lactococcus lactis* in vegetable broth. *Appl. Environ. Microbiol.*, 64, 3159-3165.

CAI Y., NG L.K., FARBER J.M., 1997. Isolation and characterization of nisin-producing *Lactococcus lactis* subsp. *lactis* from bean-sprouts. *J. Appl. Microbiol.*, 83, 499-507.

CARLIN F., GUINEBRETIERE M.H., CHOMA C., PASQUALINI R., BRANCONIER A., NGUYEN-THE C., 2000. Spore-forming bacteria in commercial cooked, pasteurized and chilled vegetable purées. *Food Microbiol.*, 17, 153-165.

CHANG J.Y., CHANG H.C., 2010. Improvements in the quality and shelf life of kimchi by fermentation with the induced bacteriocin-producing strain, *Leuconostoc citreum* GJ7 as a starter. *J. Food Sci.*, 75, M103-M110.

CHANG J.Y., CHANG H.C., 2011. Growth inhibition of foodborne pathogens by kimchi prepared with bacteriocin-producing starter culture. *J. Food Sci.*, 76, M72-M78.

CHEIGH H.S., PARK K.Y., 1994. Biochemical, microbiological, and nutritional aspects of kimchi (Korean fermented vegetable products). *Crit. Rev. Food Sci. Nutr.*, 34, 175-203

CHOI M.H., PARK Y.H., 2000. Selective control of lactobacilli in kimchi with nisin. *Lett. Appl. Microbiol.*, 30, 173–177.

COBO-MOLINOS A., ABRIOUEL H., BEN OMAR N., VALDIVIA E., LUCAS-LOPEZ R., MAQUEDA M., MARTINEZ-CANAMARO M., GALVEZ A., 2005. Effect of immersion solutions containing enterocin AS-48 on *Listeria monocytogenes* in vegetable foods. *Appl. Environ. Microbiol.*, 71, 7781-7787.

COBO-MOLINOS A., ABRIOUEL H., LUCAS-LOPEZ R., BEN OMAR N., VALDIVIA E., GALVEZ A., 2008. Inhibition of *Bacillus cereus* and *Bacillus weihenstephanensis* in raw vegetables by application of washing solutions containing enterocin AS-48 alone and in combination with other antimicrobials. *Food Microbiol.*, 25, 762-770.

CODA R., CASSONE A., RIZZELLO C.G., NIONELLI L., CARDINALI G., GOBBETTI M., 2011. Antifungal activity of *Wickerhamomyces anomalus* and *Lactobacillus plantarum* during sourdough fermentation: identification of novel compounds and long-term effect during storage of wheat bread. *Appl. Environ. Microbiol.*, 77, 3484-3492.

COOREVITS A., DINSDALE A.E., HEYRMAN J., SCHUMANN P., VAN LANDSCHOOT A., LOGAN N.A., DE VOS P., 2012. *Lysinibacillus macroides* sp. *nov.*, nom. rev. *Int. J. Syst. Evol. Microbiol.*, 62, 1121-1127.

CORSETTI A., SETTANNI L., 2007. Lactobacilli in sourdough fermentation. *Food Res. Int.*, 40, 539-558.

CRÉPET A., ALBERT I., DERVIN C., CARLIN F., 2007. Estimation of microbial contamination of food from prevalence and concentration data: application to *Listeria monocytogenes* in fresh vegetables. *Appl. Environ. Microbiol.*, 73, 250-258.

DENIS C., PICOCHE B., 1986. La bactériologie des légumes frais prédécoupés, *Science des Aliments*, 6, 131-139.

DE VUYST L., FOULQUIÉ MORENO M.R., REVETS H., 2003. Screening for enterocins and detection of hemolysin and vancomycin resistance in enterococci of different origins. *Int. J. Food Microbiol.*, 84, 299-318.

DOAN C.H., DAVIDSON P.M., 2000. Microbiology of potatoes and potato products: a review. *J. Food Prot.*, 63, 668-683.

ERCOLINI D., LA STORIA A., VILLANI F., MAURIELLO G., 2006. Effect of a bacteriocin-activated polythene film on *Listeria monocytogenes* as evaluated by viable staining and epifluorescence microscopy. *J. Appl. Microbiol.*, 100, 765-772.

FLEMING H.P., MCFEETER R.F., DAESCHEL M.A., 1995. Vegetable fermentation. *In: Biotechnology, Enzymes, Biomass, Food and Feed* (H.J. Rehm, G. Reed, eds), éditions VCH Publishers, Weinheim, pp. 629-661.

FRANZ C.M.A.P., SCHILLINGER U., HOLZAPFEL W.H., 1996. Production and characterisation of enterocin 900, a bacteriocin produced by *Enterococcus faecium* BFE 900 from black olives. *Int. J. Food Microbiol.*, 29, 255-270.

GÁLVEZ A., GIMÉNEZ-GALLEGO G., MAQUEDA M., VALDIVIA E., 1989. Purification and amino acid composition of peptide antibiotic AS-48 produced by *Streptococcus* (*Enterococcus*) *faecalis* subsp. *liquefaciens* S-48. *Antimicrobial Agents and Chemotherapy*, 33, 437-441.

GAMBAS D.E., 1989. Biological competition as a preserving mechanism. *J. Food Saf.*, 10, 107-117.

GÄNZLE M.G., 1998. Useful properties of lactobacilli for application as protective cultures in food. PhD thesis. Universität Hohenheim, Germany.

GÄNZLE M.G., VOGEL R.F., 2003. Contribution of reutericyclin to the stable persistence of *Lactobacillus reuteri* in an industrial sourdough fermentation. *Int. J. Food Microbiol.*, 80, 31-45.

GARCÍA M.T., LUCAS R., ABRIOUEL H., BEN OMAR N., PÉREZ R., GRANDE M.J., MARTÍNEZ-CAÑAMERO M., GÁLVEZ A., 2004. Antimicrobial activity of enterocin EJ97 against "*Bacillus macroides/ Bacillus maroccanus*" isolated from zucchini purée. *J. Appl. Microbiol.*, 97, 731-737.

GAULT G., WEILL F.X., MARIANI-KURKDJIAN P., JOURDAN-DA SILVA N., KING L., ALDABE B., CHARRON M., ONG N., CASTOR C., MACÉ M., BINGEN É., NOËL H., VAILLANT V., BONE A., VENDRELY B., DELMAS Y., COMBE C., BERCION R., D'ANDIGNÉ É., DESJARDIN M., DE VALK H., ROLLAND P., 2011. Outbreak of haemolytic uraemic syndrome and bloody diarrhoea due to *Escherichia coli* O104:H4, South-West France, June 2011. *Euro Surveillance*, 16, pii=19905.

GOULD G.W., 1995. Biodeterioration of foods and an overview of preservation in the food and dairy industries. *International Biodeterioration and Biodegradation*, 36, 267-277.

GRANDE M.J., LUCAS R., ABRIOUEL H., BEN OMAR N., MAQUEDA M., MARTINEZ-BUENO M., MARTINEZ-CANAMERO M., VALVIDIA E., GALVEZ A., 2005. Control of *Alicyclobacillus acidoterrestris* in fruit juices by enterocin AS-48. *Int. J. Food Microbiol.*, 104, 289-297.

GRANDE M.J., LUCAS R., ABRIOUEL H., VALVIDIA E., BEN OMAR N., MAQUEDA M., MARTÍNEZ-CAÑAMERO M., GÁLVEZ A., 2006. Inhibition of *Bacillus licheniformis* LMG 19409 from ropy cider by enterocin AS-48. *J. Appl. Microbiol.*, 101, 422-428.

GRANDE M.J., ABRIOUEL H., LÓPEZ R.L, VALDIVIA E., BEN OMAR N., MARTÍNEZ-CAÑAMERO M., GÁLVEZ A., 2007a. Efficacy of enterocin AS-48 against bacilli in ready-to-eat vegetable soups and purees. *J. Food Prot.*, 70, 2339-2345.

GRANDE M.J., LÓPEZ R.L., ABRIOUEL H., VALDIVIA E., BEN OMAR N., MAQUEDA M., MARTÍNEZ-CAÑAMERO M., GÁLVEZ A., 2007b. Treatment of vegetable sauces with enterocin AS-48 alone or in combination with phenolic compounds to inhibit proliferation of *Staphylococcus aureus*. *J. Food Prot.*, 70, 405-411.

GRANT J., WENDELBOE A.M., WENDEL A., JEPSON B., TORRES P., SMELSER C., ROLFS R.T., 2008. Spinach-associated *Escherichia coli* O157:H7 outbreak, Utah and New Mexico, 2006. *Emerg. Infect. Dis.*, 14, 1633-1636.

GUINEBRETIERE M.H., BERGE O., NORMAND P., MORRIS C., CARLIN F., NGUYEN-THE C., 2001. Identification of bacteria in pasteurized zucchini purées stored at different temperatures and comparison with those found in other pasteurized vegetable purées. *Appl. Environ. Microbiol.*, 76, 4520-4530.

HARRIS L.J., FLEMING H.P., KLAENHAMMER T.R., 1992. Novel paired starter culture system for sauerkraut, consisting of a nisin-resistant *Leuconostoc mesenteroides* strain and a nisin-producing *Lactococcus lactis* strain. *Appl. Environ. Microbiol.*, 58, 1484-1489.

HATA T., ALEMU M., KOBAYASHI M., SUZUKI C., NITISINPRASERT S., OHMOMO S., 2009. Characterization of a bacteriocin produced by *Enterococcus faecalis* N1-33 and its application as a food preservative. *J. Food Prot.*, 72, 524-530.

HELANDER I.M., MATTILA-SANDHOLM T., 2000. Permeability barrier of the gram-negative bacterial outer membrane with special reference to nisin. *Int. J. Food Microbiol.*, 60, 153-161.

HEYRMAN J., LOGAN N.A., RODRÍGUEZ-DÍAZ M., SCHELDEMAN P., LEBBE L., SWINGS J., HEYNDRICKX M., DE VOS P., 2005. Study of mural painting isolates, leading to the transfer of *Bacillus maroccanus* and *Bacillus carotarum* to *Bacillus simplex*, emended description of *Bacillus simplex*, re-examination of the strains previously attributed to *Bacillus macroides* and description of *Bacillus muralis* sp. nov. *Int. J. Syst. Evol. Microbiol.*, 55, 119-131.

HOLZAPFEL W.H., GEISEN R., SCHILLINGER U., 1995. Biological preservation of foods with reference to protective cultures, bacteriocins and food-grade enzymes. *Int. J. Food Microbiol.*, 24, 343–362.

HURTADO A., REGUANT C., BORDONS A., ROZÈS N., 2011. Expression of *Lactobacillus pentosus* B96 bacteriocin genes under saline stress. *Food Microbiol.*, 28, 1339-1344.

JAMUNA M., BABUSHA S.T., JEEVARATNAM K., 2005. Inhibitory efficacy of nisin and bacteriocins from *Lactobacillus* isolates against food spoilage and pathogenic organisms in model and food systems. *Food Microbiol.*, 22, 449-454.

JIMÉNEZ-DÍAZ R., RÍOS-SÁNCHEZ R.M., DESMAZEAUD M., RUIZ-BARBA J.L., PIARD J.-C., 1993. Plantaricin S and T, two new bacteriocins produced by *Lactobacillus plantarum* LPCO10 isolated from a green olive fermentation. *Appl. Environ. Microbiol.*, 59, 1416-1424.

JOHANNINGSMEIER S.D., MCFEETERS R.L., FLEMING H.P., THOMPSON R.L., 2007. Effect of *Leuconostoc mesenteroides* starter culture on fermentation of cabbage with reduced salt concentrations. *J. Food Sci.*, 72, 166-172.

KHAN H., FLINT S., YU P.L., 2010. Enterocins in food preservation. *Int. J. Food Microbiol.*, 141, 1-10

KOMITOPOULOU E., BOZIARIS I.S., DAVIES E.A., DELVES-BROUGHTON J., ADAM M.R., 1999. *Alicyclobacillus acidoterrestris* in fruit juices and its control by nisin. *Int. J. Food Sci. Tech.*, 34, 81-85.

LAUKOVÁ A., CZIKKOVÁ S., 1999. The use of enterocin CCM 4231 in soy milk to control the growth of *Listeria monocytogenes* and *Staphylococcus aureus*. *J. Appl. Microbiol.*, 87, 182-186.

LAVERMICOCCA P., VALERIO F., EVIDENTE A., LAZZARONI S., CORSETTI A., GOBBETTI M., 2000. Purification and characterization of novel antifungal compounds by sourdough *Lactobacillus plantarum* 21B. *Appl. Environ. Microbiol.*, 66, 4084-4090.

LEAL M.V., BARAS M., RUIZ-BARBA J.L., FLORIANO B., JIMÉNEZ-DÍAZ R., 1998. Bacteriocin production and competitiveness of *Lactobacillus plantarum* LPCO10 in olive juice broth, a culture medium obtained from olives. *Int. J. Food Microbiol.*, 43, 129-134.

LEAL-SÁNCHEZ M.V., RUIZ-BARBA J.L., SÁNCHEZ A.H., REJANO L., JIMÉNEZ-DÍAZ R., GARRIDO A., 2003. Fermentation profile and optimization of green olive fermentation using *Lactobacillus plantarum* LPCO10 as a starter culture. *Food Microbiol.*, 20, 421-430.

LEE C.W., KO C.Y., HA D.M., 1992. Microfloral changes of the lactic acid bacteria during kimchi fermentation and identification of the isolates. *Korean Journal of Applied Microbiology and Biotechnology*, 20, 102-109.

LEE H.J., BAE J.H., YANG M., HAN H.U., KO Y.D., KIM H.J., 1993. Characterization of lactic acid bacterial community during kimchi fermentation by temperature downshift. *Korean Journal of Microbiology*, 31, 346–353.

LEE J.S., HEO G.Y., LEE J.W., OH Y.J., PARK J.A., PARK Y.H., PYUN Y.R., AHN J.S., 2005. Analysis of kimchi microflora using denaturing gradient gel electrophoresis. *Int. J. Food Microbiol.*, 102, 143-50.

LEE H., YOON H., JI Y., KIM H., PARK H., LEE J., SHIN H., HOLZAPFEL W., 2011. Functional properties of *Lactobacillus* strains isolated from kimchi. *Int. J. Food Microbiol.*, 145, 155-161.

LEGAN J.D., 1993. Mould spoilage of bread: the problem and some solutions. *International Biodeterioration and Biodegradation*, 32, 33-53.

LEVERENTZ B., CONWAY W.S., CAMP M.J., JANISIEWICZ W.J., ABULADZE T., YANG M., SAFTNER R., SULAKVELIDZE A., 2003. Biocontrol of *Listeria monocytogenes* on fresh-cut produce by treatment with lytic acid bacteriophages and a bacteriocin. *Appl. Environ. Microbiol.*, 69, 4519-4526.

LEVERENTZ B., CONWAY W.S., JANISIEWICZ W., CAMP M.J., 2004. Optimizing concentration and timing of a phage spray application to reduce *Listeria monocytogenes* on honeydew melon tissue. *J. Food Prot.*, 67, 1682-1686.

LUCAS R., GRANDE M.J., ABRIOUEL H., MAQUEDA M., BEN OMAR N., VALVIDIA E., MARTÍNEZ-CAÑAMERO M., GÁLVEZ A., 2006. Application of the broad-spectrum bacteriocin enterocin AS-48 to inhibit *Bacillus coagulans* in canned fruit and vegetable foods. *Food and Chemical Toxicology*, 44, 1774-1781.

MALLIDIS C.G., FRANTZESKAKIS P., BALATSOURAS G., KATSABOTXAKIS C., 1990. Thermal treatment of aseptically processed tomato paste. *Int. J. Food Sci. Tech.*, 25, 442-448.

MARTÍNEZ VIEDMA P., ABRIOUEL H., SOBRINO LÓPEZ A., BEN OMAR N., LUCAS LÓPEZ R., VALDIVIA E., MARTÍN BELLOSO O., GÁLVEZ A., 2009. Effect of enterocin AS-48 in combination with high-intensity pulsed-electric field treatment against the spoilage bacterium *Lactobacillus diolivorans* in apple juice. *Food Microbiol.*, 26, 491-496.

MARTÍNEZ VIEDMA P., SOBRINO LÓPEZ A., BEN OMAR N., ABRIOUEL H., LUCAS LÓPEZ R., MARTÍN BELLOSO O., GÁLVEZ A., 2010. Increased inactivation of exopolysaccharide-producing *Pediococcus parvulus* in apple juice by combined treatment with enterocin AS-48 and high-intensity pulsed electric field. *J. Food Prot.*, 73, 39-43.

MAURIELLO G., DE LUCA E., LA STORIA A., VILLANI F., ERCOLINI D., 2005. Antimicrobial activity of a nisin-activated plastic film for food packaging. *Lett. Appl. Microbiol.*, 41, 464-469.

MENTEŞ Ö., ERCAN R., AKÇELIK M., 2007. Inhibitor activities of two *Lactobacillus strains*, isolated from sourdough, against rope-forming *Bacillus* strains. *Food Control*, 18, 359–363.

NGUYEN-THE C., CARLIN F., 1994. The microbiology of minimally processed fresh fruits and vegetables. *Crit. Rev. Food Sci. Nutr.*, 34, 371-401.

OGUNTOYINBO F.A., SANNI A.I., FRANZ C.M.A.P., HOLZAPFEL W.H., 2007. *In vitro* fermentation studies for selection and evaluation of *Bacillus* strains as starter cultures for the production of okpehe, a traditional African fermented condiment. *Int. J. Food Microbiol.*, 113, 208-218.

PEÑAS E., FRIAS J., GOMEZ R., VIDAL-VALVERDE C., 2010. High hydrostatic pressure can improve the microbial quality of sauerkraut during storage. *Food Control*, 21, 524-528.

RANDAZZO C.L., PITINO I., SCIFO G.O., CAGGIA C., 2009. Biopreservation of minimally processed iceberg lettuces using a bacteriocin produced by *Lactococcus lactis* wild strain. *Food Control*, 20, 756-763.

REINA L.D., BREIDT F., FLEMING H.P., KATHARIOU S., 2005. Isolation and selection of lactic acid bacteria as biocontrol agents for nonacidified, refrigerated pickles. *J. Food Sci.*, 70, 7-11.

RODGERS S., 2001. Preserving non-fermented refrigerated foods with microbial cultures - a review. *Trends in Food Science and Technology*, 12, 276-284.

RODGERS S., 2004. Novel approaches in controlling safety of cook-chill meals. *Trends in Food Science and Technology*, 15, 366-372.

RUIZ-BARBA J.L., CATHCART D.P., WARNER P.J., JIMÉNEZ-DÍAZ R., 1994. Use of *Lactobacillus plantarum* LPCO10, a bacteriocin producer, as a starter culture in Spanish-style green olive fermentations. *Appl. Environ. Microbiol.*, 60, 2059-2064.

RUIZ-BARBA J.L., CABALLERO-GUERRERO B., MALDONADO-BARRAGÁN A., JIMÉNEZ-DÍAZ R., 2010. Coculture with specific bacteria enhances survival of *Lactobacillus plantarum* NC8, an autoinducer-regulated bacteriocin producer, in olive fermentations. *Food Microbiol.*, 27, 413-417.

RYAN L.A., ZANNINI E., DAL BELLO F., PAWLOWSKA A., KOEHLER P., ARENDT E.K., 2011. *Lactobacillus amylovorus* DSM 19280 as a novel food-grade antifungal agent for bakery products. *Int. J. Food Microbiol.*, 146, 276-283.

SANNI A.I., ONILUDE A.A., 1999. Characterisation of *Bacillus* species isolated from okpehe, a fermented soup condiment from *Prosopis africana*. *Nigerian Journal of Science*, 31, 49–52.

SCHEUTZ F., MØLLER NIELSEN E., FRIMODT-MØLLER J., BOISEN N., MORABITO S., TOZZOLI R., NATARO J.P., CAPRIOLI A., 2011. Characteristics of the enteroaggregative Shiga toxin/verotoxin-producing *Escherichia coli* O104:H4 strain causing the outbreak of haemolytic uraemic syndrome in Germany, May to June 2011. *Euro Surveillance* 16, pii=19889.

SCHILLINGER U., BECKER B., VIGNOLO G., HOLZAPFEL W.H., 2001. Efficacy of nisin in combination with protective cultures against *Listeria monocytogenes* Scott A in tofu. *Int. J. Food Microbiol.*, 71, 159–168.

SCHUENZEL K.M., HARRISON M.A., 2002. Microbial antagonists of foodborne pathogens on fresh, minimally processed vegetables. *J. Food Prot.*, 65, 1909-1915.

SETTANI L., CORSETTI A., 2008. Application of bacteriocins in vegetable food biopreservation. *Int. J. Food Microbiol.*, 121, 123-38.

SHARMA M., PATEL J.R., CONWAY W.S., FERGUSON S., SULAKVELIDZE A., 2009a. Effectiveness of bacteriophages in reducing *Escherichia coli* O157:H7 on fresh-cut cantaloupes and lettuces. *J. Food Prot.*, 72, 1481-1485.

SHARMA R.R., SINGH D., SINGH R., 2009b. Control of postharvest diseases of fruits and vegetables by microbial antagonists: a review. *Biological Control*, 50, 205-221.

SHIN M.S., HAN S.K., RYU J.S., KIM K.S., LEE W.K., 2008. Isolation and partial characterization of a bacteriocin produced by *Pediococcus pentosaceus* K23-2 isolated from kimchi. *J. Appl. Microbiol.*, 105, 331-339.

SKINNER G.E., SOLOMON H.M., FINGERHUT G.A., 1999. Prevention of *Clostridium botulinum* type A, proteolytic B and E toxin formation in refrigerated pea soup by *Lactobacillus plantarum* ATCC 8014. *J. Food Sci.*, 64, 724-727.

SÖDERSTRÖM A., LINDBERG A., ANDERSSON Y., 2005. EHEC O157 outbreak in Sweden from locally produced lettuce, August-September. *Euro Surveillance*, 10, E050922.1.

TODOROV S.D., DICKS L.M.T., 2005. Characterization of bacteriocins produced by lactic acid bacteria isolated from spoiled black olives. *J. Basic Microbiol.*, 45, 312-322.

UKUKU D.O., FETT W.F., 2002. Effectiveness of chlorine and nisin-EDTA treatments of whole melons and fresh-cut pieces for reducing native microflora and extending shelf life. *J. Food Saf.*, 22, 231-253.

UKUKU D.O., FETT W.F., 2004. Effect of nisin in combination with EDTA, sodium lactate, and potassium sorbate for reducing *Salmonella* on whole and fresh-cut cantaloupe. *J. Food Prot.*, 67, 2143-2150.

UKUKU D.O., BARI M.L., KAWAMOTO S., ISSHIKI K., 2005. Use of hydrogen peroxide in combination with nisin, sodium lactate and citric acid for reducing transfer of bacterial pathogens from whole melon surfaces to fresh cut pieces. *Int. J. Food Microbiol.*, 104, 225-233.

WILSON C.L., WISNIEWSKI M.E., 1989. Biological control of postharvested diseases of fruits and vegetables: an emerging technology. *Ann. Rev. Phytopathol.*, 27, 425-441.

YANG E.J., CHANG H.C., 2010. Purification of a new antifungal compound produced by *Lactobacillus plantarum* AF1 isolated from kimchi. *Int. J. Food Microbiol.*, 139, 56-63.

ZHANG D., SPADARO D., GARIBALDI A., LODOVICA GULLINO M., 2010. Selection and evaluation of new antagonists for their efficacy against postharvest brown rot of peaches. *Postharvest biology and technology*, 55, 174-181.

Chapitre 7

Vers une règlementation appropriée des flores protectrices

H.E. Spinnler, M. Zagorec, S. Christieans[2]

►► Introduction

L'utilisation de cultures microbiennes pour l'alimentation humaine est une pratique ancestrale. En effet, les micro-organismes font partie intégrante de nombreux aliments fermentés ou non. Dans le cas des produits fermentés (produits laitiers et carnés, boissons telles que bière, vin, cidre, produits végétaux et de panification, etc.), la flore microbienne contribue à leurs qualités nutritionnelles, sanitaires et organoleptiques, mais peut également être à l'origine d'altérations. Les recherches menées au cours du XXe siècle ont permis d'identifier ces flores, surtout celles ayant un effet bénéfique, et leur impact sur les propriétés technologiques des produits. En conséquence, des cultures microbiennes – encore appelées starters ou ferments – ont été développées pour une utilisation technologique. De nombreux produits fermentés sont maintenant ensemencés par ces flores, dans le but de maîtriser les procédés de fermentation et la qualité (nutritionnelle, sanitaire et organoleptique) des produits finaux. Il s'agit, selon les aliments, de spores de moisissures (ex. : *Penicillium, Cylindrocarpon, Geotrichum, Candida*), de levures (ex. : *Saccharomyces, Kluyveromyces, Debaryomyces*) ou de bactéries, à Gram positif pour l'essentiel (ex. : *Lactococcus, Streptococcus, Lactobacillus, Leuconostoc, Oenococcus, Staphylococcus, Brevibacterium, Arthrobacter, Corynebacterium, Brachybacterium, Propionibacterium, Bifidobacterium*), mais aussi quelques bactéries à coloration de Gram négative, notamment de la famille des entérobactéries. De ce fait, ces cultures entrent dans la formulation des produits fermentés et bénéficient du statut d'ingrédient, souvent sous la dénomination de ferments lactiques.

Dans le cas des produits non fermentés, une grande diversité de la microflore naturelle existe également et peut, de la même façon, contribuer soit à la qualité, soit à l'altération. À l'inverse des produits fermentés, ce n'est qu'au cours des dernières

---

2. Ce chapitre a été soumis à la lecture du SPPAIL (Syndicat professionnel des producteurs d'auxiliaires pour l'industrie laitière), de la DGCCRF (direction générale de la Concurrence, de la Consommation et de la Répression des Fraudes), et de la DGAL (direction générale de l'Alimentation).

décennies que des études scientifiques ont mis en évidence le potentiel protecteur de certaines catégories de flores microbiennes, naturellement présentes sur ces aliments (frais ou peu transformés), contre des bactéries pathogènes ou altérantes. Dans ce cas, malgré un effet bénéfique avéré, leur utilisation ne bénéficie pas, à ce jour d'un statut légal précis, pouvant entraîner un frein à leur développement industriel. En Europe, la question se pose donc de savoir si l'utilisation de cultures bactériennes à des fins de biopréservation peut entrer dans une catégorie des dénominations légales actuelles, ou si une nouvelle nomenclature ou catégorie doit être créée ou adaptée. En effet, une utilisation non traditionnelle des cultures dans l'industrie alimentaire, si elle était dans l'unique but d'exercer un effet conservateur sur l'aliment, soulèverait la question du statut et de la sécurité de ces cultures. Dans le rappel de quelques dénominations actuelles pour l'étiquetage des denrées alimentaires présenté ci-après, il est effectivement difficile d'attribuer un statut clair qui satisfasse aux exigences des définitions existantes et soit adapté aux différents usages que l'on attend des cultures protectrices. Il est souhaitable que la réglementation évolue, afin d'être conforme aux attentes et/ou aux obligations des législateurs, des consommateurs et des industriels de différentes filières, qu'ils soient producteurs de ferments ou producteurs d'aliments.

▸▸ Rappel des bases de la règlementation actuelle pour la dénomination des composants alimentaires

Le règlement CE 178/2002 appelé *Food Law*, est le texte socle de la règlementation européenne. Il établit les principes généraux et les prescriptions générales de la législation alimentaire, institue l'Autorité européenne de sécurité des aliments (EFSA) et fixe les procédures relatives à la sécurité des denrées alimentaires. Il stipule clairement qu'aucune denrée alimentaire n'est mise sur le marché si elle est dangereuse (article 14). Actuellement, les ferments utilisés dans les produits alimentaires sont réglementés par la législation alimentaire générale européenne (règlement n°178/2002) et pour leurs nouvelles utilisations, par le règlement relatif aux nouveaux aliments (n°258/97/CE). Ce dernier règlement communément appelé *Novel Food* établit l'obligation d'obtenir une autorisation, après évaluation des risques, avant de mettre un nouvel aliment sur le marché. On entend par nouvel aliment, un aliment dont la consommation par l'Homme n'était pas avérée avant 1997, ce qui inclut un aliment dont la formulation ou le mode de préparation n'aurait pas été habituel avant cette date. La directive CE 2000/13 fixe les règles d'étiquetage des denrées préemballées et notamment ce qui concerne la liste des ingrédients par rapport à la dénomination de vente.

Les composants des aliments sont classés, du point de vue légal, en différentes catégories en fonction de leur rôle (technologique, nutritif, aromatique). En ce qui concerne les composants utilisés pour leur fonction technologique sur l'aliment, la règlementation a été révisée en 2008 et donne des précisions sur les conditions d'autorisation des additifs et des enzymes, ainsi qu'une définition des auxiliaires technologiques. Les composants alimentaires ajoutés à des fins technologiques, à l'exception des ingrédients, font l'objet de listes positives. Leur mise sur le marché nécessite une autorisation d'une des instances de contrôle sanitaire (suivant les cas l'EFSA au niveau européen ou l'Agence nationale de sécurité sanitaire de l'alimentration, de l'environnement et du travail, Anses, au niveau français). Au niveau européen, sous l'appellation « Paquets améliorants alimentaires », quatre textes spécifiques parus le 31 décembre 2008, sont venus préciser la règlementation européenne sur certains composants alimentaires.

Règlements concernant les composants alimentaires

CE 1331/2008

Ce règlement général stipule que les additifs, les enzymes et les arômes alimentaires ne peuvent être mis sur le marché, ou employés dans les produits alimentaires, qu'à condition de figurer explicitement sur une liste communautaire de substances autorisées. Il établit une procédure d'autorisation uniforme pour les additifs, enzymes et arômes alimentaires. Une procédure communautaire uniforme d'évaluation et d'autorisation a été mise en place.

CE 1332/2008

Ce règlement ne concerne que les enzymes et prévoit l'établissement d'une liste communautaire des enzymes alimentaires autorisées, associée à la détermination de leurs conditions d'emploi dans les denrées alimentaires. Il ne s'applique qu'aux enzymes qui sont ajoutées à des denrées alimentaires pour exercer une fonction technologique dans la fabrication, la transformation, la préparation, le traitement, le conditionnement, le transport ou l'entreposage desdites denrées, y compris les enzymes utilisées en tant qu'auxiliaires technologiques, dénommées « enzymes alimentaires ».

CE 1333/2008

Ce règlement porte sur les additifs alimentaires (colorants, édulcorants, conservateurs, antioxydants, etc.). Il introduit de nouvelles conditions pour leur évaluation, leur utilisation et leur étiquetage. Dans ses annexes, il fixe la liste communautaire des additifs autorisés, ainsi que leurs conditions d'utilisation (denrées alimentaires dans lesquelles ils peuvent être utilisés, conditions d'emploi, restrictions éventuelles, etc.), ainsi que les catégories fonctionnelles.

CE 1334/2008

Ce règlement est relatif aux arômes et à certains ingrédients alimentaires – possédant des propriétés aromatisantes – qui sont destinés à être utilisés dans et sur les denrées alimentaires.

Sur la base de cette règlementation, et pour ce qui pourrait concerner les flores de biopréservation, les principales catégories définissant les composants des aliments sont listées ci-dessous.

Catégories des composants des aliments

Ingrédient

Un ingrédient est un composant usuel des denrées alimentaires. Il s'agit le plus souvent de fractions de composition complexe issues d'un produit agricole ou d'un aliment (exemple : le jaune d'œuf). Il possède généralement une valeur nutritionnelle, est présent dans le produit fini éventuellement sous une forme modifiée. C'est dans cette catégorie que se trouvent les ferments tels qu'employés pour la fabrication des produits fermentés.

Additif alimentaire

Un additif alimentaire est une substance ajoutée en petite quantité dans un but technologique. Il est défini comme « toute substance habituellement non consommée comme aliment en soi, et habituellement non utilisée comme ingrédient caractéristique dans l'alimentation, possédant ou non une valeur nutritive, et dont l'adjonction intentionnelle aux denrées alimentaires, dans un but technologique, au stade de leur fabrication, transformation, préparation, traitement, conditionnement, transport ou entreposage, a pour effet, ou peut raisonnablement être estimée avoir pour effet, qu'elle devient elle-même, ou que ses dérivés deviennent, directement ou indirectement, un composant de ces denrées alimentaires ». Parmi les règlements cités précédemment, deux concernent les additifs : le premier établit une procédure d'autorisation uniforme pour les additifs, enzymes et arômes alimentaires (règlement CE 1331/2008). Le second, CE 1333/2008, est spécifique aux additifs et précise ce qu'on entend par additif alimentaire. « L' additif qui est un composant simple, dont la structure et la fonction sont connues, est actif dans l'aliment, il y a été ajouté intentionnellement, il crée ou renforce une fonction d'un ingrédient, il est autorisé avec un maximum de concentration et dans des produits bien définis pour pouvoir évaluer l'exposition du consommateur ». Lors de l'autorisation, un facteur de sécurité de plusieurs puissances de 10 est pris en compte pour déterminer la consommation journalière estimée sans risque pour l'homme, du fait de sa présence dans les produits et la dose maximum sans effet mesurée chez l'animal.

Auxiliaire technologique

Un auxiliaire technologique est une substance ajoutée au cours de la préparation, mais qui n'est plus présente dans le produit fini ou seulement sous forme de résidus techniquement inévitables et n'a plus de fonction technologique dans le produit fini. Les auxiliaires technologiques sont définis (règlement CE 1331/2008) comme « toutes substances non consommées comme ingrédients alimentaires en soi, volontairement utilisées dans la transformation de matières premières, de denrées alimentaires ou de leurs ingrédients pour répondre à un certain objectif technologique pendant le traitement ou la transformation ; et pouvant avoir pour résultat la présence non intentionnelle, mais techniquement inévitable, de résidus de cette substance ou de ces dérivés dans le produit fini, à condition que ces résidus ne présentent pas de risque sanitaire et n'aient pas d'effets technologiques sur le produit fini ». À l'exception des préparations enzymatiques, des solvants d'extraction ou des substances utilisées pour la décontamination de surface des produits animaux, les auxiliaires technologiques ne font pas l'objet d'un cadre réglementaire harmonisé à l'échelle européenne, bien que la France ait précisé leurs conditions d'évaluation, d'autorisation et d'utilisation à travers le décret n° 2011-509 du 10 mai 2011 et l'arrêté du 7 mars 2011.

Enzyme

Les enzymes sont utilisées dans un but technologique, comme additif ou auxiliaire technologique. En France, les préparations enzymatiques sont, jusqu'à maintenant, soumises à autorisation au cas par cas, et elles intègreront le nouveau dispositif communautaire d'autorisation après évaluation par l'EFSA, suivant ainsi la procédure harmonisée d'évaluation définie par les règlements CE 1331/2008 et CE 1332/2008.

▸▸ Comment les cultures protectrices pourraient être définies ?

Depuis 2002, une réflexion communautaire a été engagée sur la classification règlementaire des cultures protectrices utilisées dans des denrées non traditionnellement fermentées pour une fonction de protection qui relève d'une règlementation spécifique aux additifs alimentaires. En effet, au niveau règlementaire, le développement de telles pratiques soulève trois types de questions :
– les premières touchent à la sécurité du consommateur, notamment quant à l'innocuité des micro-organismes utilisés ;
– les secondes sont relatives à l'efficacité réelle de ces procédés, en regard des arguments publicitaires utilisés et des règles d'hygiènes en vigueur ;
– les troisièmes ont trait à l'information du consommateur sur la nature réelle des denrées ainsi traitées et au risque de confusion avec des produits protégés par d'autres moyens (conditionnés sous atmosphère modifiée, etc.).

En décembre 2006, la Commission européenne a proposé des critères pour le classement des cultures protectrices comme ingrédients ou additifs alimentaires. Ces propositions classent les cultures comme ingrédient si elles participent à la fabrication du produit par la fermentation ou si elles sont utilisées pour un effet probiotique. C'est le cas des cultures starters, qui contribuent aux caractéristiques de l'aliment, et notamment les espèces/souches employées de manière traditionnelle avant mai 1997. Au-delà de cette date, toute nouvelle utilisation est assimilée à un nouvel aliment, et donc soumise à autorisation. Les cultures seraient classées comme additif si elles sont ajoutées pour un effet technologique spécifique, telle que la conservation. Cette classification pourrait donc concerner les cultures protectrices utilisées sur des produits non fermentés (tels que les viandes crues ou cuisinées, les poissons, etc.) et dans ce cas une autorisation préalable serait obligatoire. La question de l'applicabilité de la législation des additifs aux ferments se pose. Bien que cette réglementation s'applique déjà à certaines substances produites par les ferments, comme la nisine, les ferments sont capables de réaliser des transformations enzymatiques. Ils sont de nature biologique, ont une complexité chimique élevée et peuvent se multiplier. Il s'agit là de caractéristiques communes avec les flores protectrices de produits non fermentés. Le problème résiderait donc dans un nouvel usage, pour bon nombre de flores protectrices : utiliser une flore déjà connue comme ingrédient dans un produit fermenté, mais pour un effet de préservation dans un produit où on ne l'ajoutait pas auparavant, ou bien pour l'ajouter dans un produit où on l'ajoutait classiquement comme ferment mais pour une nouvelle fonction : la biopréservation.

En mars 2010, le groupe d'experts nationaux chargé des additifs auprès de la Commission européenne a confirmé que la fonction de protection de certains ferments devait être considérée comme une fonction d'additif alimentaire et recommande qu'une réglementation spécifique aux ferments soit développée. À titre d'exemple, le Comité permanent de la Commission européenne (CP CASA - section toxicologie) s'est déjà prononcé sur certaines applications. Ainsi, dans la fabrication de jambon cuit, l'utilisation des nitrites obtenus par la réduction des nitrates présents dans les bouillons de légumes grâce à des ferments doit être conforme à la réglementation « additif » (conditions d'utilisation et critères de pureté).

Une réglementation adaptée est donc nécessaire au développement industriel des flores protectrices dont l'efficacité a été montrée par de nombreuses études scientifiques. Il semble exister un décalage entre les études scientifiques, le développement industriel et la mise en place d'une législation adéquate, et il est souhaitable que chacun des acteurs (scientifiques, industriels, législateurs) réfléchissent ensemble aux meilleures issues possibles afin que l'utilisation de flores protectrices soit réalisable, en toute transparence et dans le respect des règles établies par la réglementation. Il est en effet clair que les souches ou les espèces potentiellement utilisables comme cultures protectrices, ne doivent présenter aucun danger et doivent donc satisfaire aux critères GRAS ou QPS, même s'il ne s'agit pas là d'une qualité suffisante. Le concept de « micro-organismes d'innocuité reconnue » (*micro-organisms with a Qualified Presumption of Safety* ou QPS) a été mis en place en Europe pour déterminer les risques encourus pour des usages dans l'alimentation humaine, l'alimentation animale ou les micro-organismes protecteurs des végétaux. Cela concerne les bactéries, les levures, les champignons filamenteux et les virus.

Les principes à l'origine de la définition des micro-organismes d'innocuité reconnue sont de quatre types :

— la définition du groupe taxonomique (établissant précisément l'identité du groupe), la procédure QPS se place au niveau de l'espèce. Si bien que, même si des micro-organismes sont ensemencés depuis des temps très anciens dans des produits alimentaires, ils ne peuvent être considérés comme QPS, car certaines souches peuvent produire des toxines (cas de champignon filamenteux comme *Penicillium roqueforti*) ;

— les connaissances disponibles. Par exemple, le manque de données sur une espèce peut être une raison du refus de statut QPS ;

— les éventuelles inquiétudes en matière de sécurité : les informations de cas de pathologies dues au micro-organisme, sa capacité à produire des toxines, des amines biogènes, à perturber le fonctionnement du tube digestif, les moyens de lutte

(sensibilité aux anticorps du sérum humain, capacité à être facilement maîtrisé par un traitement antibiotique ou antimycotique, etc.) sont pris en considération ;
– enfin, l'utilisation finale prévue est aussi un critère du classement QPS.

L'approche QPS est une approche d'évaluation interne à l'EFSA, mais le caractère QPS d'un micro-organisme n'est pas suffisant pour autoriser de manière automatique son usage. Néanmoins, des listes d'espèces microbiennes devant être reconnues comme QPS ou avérées comme entrant, depuis de longue date, dans l'alimentation humaine, sans avoir présenté de danger, ont été établies. L'EFSA a proposé une liste d'espèces microbiennes intentionnellement ajoutées dans l'alimentation humaine ou animale considérées comme QPS (EFSA, 2011).

En parallèle, une liste mise à jour de micro-organismes présentant une utilisation technologique bénéfique pour l'alimentation a été publiée à l'initiative de l'IDF (International Dairy Federation), de l'EFFCA (European Food and Feed Cultures Association) et de l'EDA (European Dairy Association) (Bourdichon *et al.*, 2012). Cette liste rapporte essentiellement des micro-organismes d'aliments fermentés, mais concerne également quelques espèces utilisées à de fins de biopréservation (voir page 11).

L'usage des flores protectrices vise à améliorer la conservation de l'aliment, en limitant certaines altérations et en augmentant la durée de vie des produits. C'est donc un usage particulier, dont le but est identique à celui des « conservateurs ». Certaines souches de certaines espèces vont avoir la propriété de produire des métabolites ou avoir une croissance très favorable sur l'aliment, et limiteront ainsi le développement de micro-organismes indésirables, le développement de phénomènes d'oxydation, etc. L'utilisation de flores protectrices pourrait donc aussi permettre, dans certains cas, de limiter l'usage de conservateurs chimiques. Les mécanismes mis en œuvre ne sont pas toujours complètement connus, mais leur efficacité est démontrée. Dans de nombreux cas, les micro-organismes ont déjà été mis en évidence dans des aliments fermentés (souches de *Lactobacillus sakei*, *Carnobacterium maltaromaticum*, *Lactococcus piscium*, etc.).

À partir du moment où le bénéfice de ces micro-organismes est démontré, il faudrait pouvoir mettre en place un protocole de démonstration de la non pathogénicité de la souche, approche qui n'est pas forcément simple, y compris en prenant en compte la démarche proposée par l'EFSA pour obtenir la qualification QPS. Devant l'intérêt des flores protectrices comme barrière supplémentaire pour améliorer la qualité (sanitaire et/ou organoleptique) des aliments, ou comme alternative à d'autres modes de conservation (conservateurs chimiques), il serait intéressant d'orienter la réflexion vers la balance bénéfice/risque de ces nouveaux usages.

▸▸ Conclusion

À ce jour, aucun texte ne règlemente clairement l'usage des cultures bactériennes à des fins de biopréservation des aliments. Cependant, une réflexion est engagée et des pistes commencent à voir le jour, même si elles ne semblent pas toujours satisfaisantes. La crainte d'une perception négative par le consommateur ou les producteurs, de l'obligation d'étiquetage sous certaines rubriques, alimente aussi le débat. Néanmoins, quelques études récentes se sont intéressées à la perception des consommateurs à l'égard de méthodes innovantes pour la conservation ou la fabrication de produits carnés et de l'utilisation de flores bactériennes (Guererro *et al.*, 2009 ; Kühne *et al.*, 2010 ; Grunert *et al.*, 2011 ; Lengard Almli *et al.*, 2011). Certaines de ces études montrent que le consommateur verrait plutôt favorablement l'utilisation de flores protectrices. Ce point, considéré comme l'un des freins au développement des cultures protectrices, a également fait l'objet d'une étude menée dans le cadre du RMT Florepro, en partenariat avec des sociologues et des économistes. Ce travail, dont les résultats seront publiés en 2013, a également conclu à une perception positive du consommateur face à l'usage de la biopréservation, particulièrement si celle-ci permet de diminuer l'emploi de conservateurs chimiques ou de réduire la teneur en sel[3].

Ainsi, en attendant l'avancée des travaux scientifiques permettant d'élucider les mécanismes des cultures protectrices mis en œuvre et l'impact de leur ajout sur l'écosystème global d'une denrée alimentaire, une adaptation raisonnable de la législation actuelle ne devrait pas conduire au blocage de l'utilisation de flores protectrices, mais au contraire aider à développer ces nouvelles méthodes.

▶▶ Références

BOURDICHON F., CASAREGOLA S., FARROKH C., FRISVAD J.C., GERDS M.L., HAMMES W.P., HARNETT J., HUYS G., LAULUND S., OUWEHAND A., POWELL I.B., PRAJAPATI J.B., SETO Y., SCHURE E.T., VAN BOVEN A., VAN KERCKHOVEN V., ZGODA A., TUIJTELAARS S., HANSEN E.B., 2012. Food fermentations: microorganisms with technological beneficial use. *Int. J. Food Microbiol.*, 154, 87-97.

EFSA on Biological Hazards (BIOHAZ), 2011. Scientific opinion on the maintenance of the list of QPS biological agents intentionally added to food and feed (2011 update). *EFSA J.*, 9, 2497.

GRUNERT K.G., VERBEKE W., KÜGLER J.O., SAEED F., SCHOLDERER J., 2011. Use of consumer insight in the new product development process in the meat sector. *Meat Sci.*, 89, 251-258.

GUERRERO L., GUARDIA M.D., XICOLA J., VERBEKE W., VANHONACKER F., ZAKOWSKA-BIEMANS S., SAJDAKOWSKA M., SULMONT-ROSSE C., ISSANCHOU S., CONTEL M., SCALVEDI M.L., SIGNE GRANLI B., HERSLETH M., 2009. Consumer-driven definition of traditional food products and innovation in traditional foods. A qualitative cross-cultural study. *Appetite*, 52, 345-354.

KÜHNE B., VANHONACKER F., GELLYNCK X., VERBEKE W., 2010. Innovation in traditional food products in Europe: Do sector innovation activities match consumers' acceptance? *Food Qual. Prefer.*, 21, 629-638.

LENGARD ALMLI V., VERBEKE W., VANHONACKER F., NÆS T., HERSLETH M., 2011. General image and attribute perceptions of traditional food in six European countries. *Food Qual. Prefer.*, 22, 129-138.

Règlement (CE) n° 178/2002 établissant les principes généraux et les prescriptions générales de la législation alimentaire, instituant l'Autorité européenne de sécurité des aliments et fixant des procédures relatives à la sécurité des denrées alimentaires.

Règlement (CE) n° 1331/2008 établissant une procédure d'autorisation uniforme pour les additifs, enzymes et arômes alimentaires.

---

3. Sandrine Blanchemanche, Stéphane Marette et Jutta Roosen, manuscrit en préparation.

Règlement (CE) n° 1332/2008 concernant les enzymes alimentaires et modifiant la directive 83/417/CEE du Conseil, le règlement (CE) n° 1493/1999 du Conseil, la directive 2000/13/CE, la directive 2001/112/CE du Conseil et le règlement (CE) n° 258/97.

Règlement (CE) n° 1333/2008 sur les additifs alimentaires.

Règlement (CE) n° 1334/2008 relatif aux arômes et à certains ingrédients alimentaires possédant des propriétés aromatisantes qui sont destinés à être utilisés dans et sur les denrées alimentaires.

Règlement (CE) n° 258/97 relatif aux nouveaux aliments et aux nouveaux ingrédients alimentaires.

Liste des auteurs

Marie-Christine CHAMPOMIER-VERGÈS
Directeur de recherche
INRA, Unité Microbiologie de l'Alimentation au service de la Santé (Micalis)
UMR 1319, 78350 Jouy-en-Josas

Souad CHRISTIEANS
Responsable Hygiène et Sécurité Sanitaire
ADIV, ZAC des Gravanches
10 rue Jacqueline Auriol, 63039 Clermont-Ferrand cedex 02

Catherine DENIS
Responsable de projets – Microbiologie
ADRIA Normandie
Bd 13 juin 1944, 14310 Villers-Bocage

Céline DELBÈS-PAUS
Chargée de recherches
INRA, UR545 Recherches Fromagères
20 côte de Reyne, 15000 Aurillac

Marie-Hélène DESMONTS
Chef de projets en microbiologie alimentaire
Aérial, Parc d'innovation
3 rue Laurent Fries, C.S. 40443, 67412 Illkirch cedex

Carole FEURER
Responsable Laboratoire de microbiologie
Ifip, institut du Porc
7 avenue du Général de Gaulle, 94700 Maisons-Alfort

Sébastien FRAUD
Chef de projet microbiologie d'intérêt laitier
Actilait
419 route des champs laitiers, CS50030, 74801 La Roche-sur-Foron

Erwann HAMON
Ingénieur de recherche
Aérial, Parc d'innovation
3 rue Laurent Fries, C.S. 40443, 67412 Illkirch cedex

Françoise IRLINGER
Ingénieur INRA
UMR 782 GMPA, AgroParisTech
78850 Thiverval-Grignon

Emmanuel JAMET
Responsable Pôle microorganisme d'intérêt laitier
Actilait
419 route des champs laitiers, CS50030, 74801 La Roche-sur-Foron

Bruno LE FUR
Directeur du département « Technologies et analyses »
Plate-forme d'innovation Nouvelles vagues
15/17 rue de Magenta, 62200 Boulogne-sur-mer

Françoise LEROI
Cadre de recherche en microbiologie
Ifremer, Laboratoire de Science et Technologie de la Biomasse Marine
BP 21105, 44311 Nantes cedex 03

Sabine LEROY
Ingénieur de recherche
INRA, UR454 Microbiologie
Centre de Recherche de Clermont-Ferrand - Theix,
63122 Saint-Genès-Champanelle

Valérie MICHEL
Responsable Pôle Sanitaire
Actilait
419 route des champs laitiers, CS50030, 74801 La Roche-sur-Foron

Marie-Christine MONTEL
Directeur de recherche
INRA UR545 Recherches Fromagères
20 côte de Reyn, 15000 Aurillac

Marie-France PILET
Maître de conférences
Oniris, INRA, UMR 1014 SECALIM
Rue de la Géraudière, CS82225, 44322 Nantes cedex 03

Hervé PRÉVOST
Professeur de microbiologie
Oniris, INRA, UMR 1014 SECALIM
Rue de la Géraudière, CS82225, 44322 Nantes cedex 03

Marina RIVOLLIER
Chargée de projets en microbiologie
ADIV
ZAC des Gravanches
10 rue Jacqueline Auriol, 63039 Clermont-Ferrand cedex 02

Delphine ROUX
Responsable projets
Plate-forme d'innovation Nouvelles vagues
15/17 rue de Magenta, 62200 Boulogne-sur-mer

Henry-Eric SPINNLER
Professeur de technologies alimentaires
AgroParisTech, UMR de Génie et Microbiologie des Procédés Alimentaires
CBAI, 78850 Thiverval-Grignon

Valérie STAHL
Chef de projets en microbiologie alimentaire Aérial
Parc d'innovation
3 rue Laurent Fries, C.S. 40443, 67412 Illkirch cedex

Régine TALON
Directeur de recherche
INRA, UR454 Microbiologie
Centre de Recherche de Clermont-Ferrand - Theix, 63122 Saint-Genès-Champanelle

Monique ZAGOREC
Directeur de recherche
Oniris, INRA, UMR 1014 SECALIM
Rue de la Géraudière, CS82225, 44322 Nantes cedex 03